C·H·Beck

PAPERBACK

Wir leben auf einem Planeten der Pflanzen. Im Unterschied zu Tieren tun Pflanzen offenbar nichts. Wie Zeitrafferfilme eindrucksvoll belegen, ist ihre scheinbare Passivität jedoch nur eine Frage der Geschwindigkeit: Da wird gezankt, wild um sich geschlagen, gedrängelt, sich gestreckt oder auf- und zugeklappt – doch alles mit sachtem Tempo. Der Botaniker Ewald Weber ist ein kundiger Führer durch dieses Wunderreich der Langsamkeit. Er widmet sich der kleinsten Pflanze, *Wolffia microscopica*, einer winzigen Wasserpflanze aus Indien, nicht größer als ein Stecknadelkopf, mit der gleichen Aufmerksamkeit wie der höchsten bekanntesten Pflanze, dem 115 Meter hohen Küsten-Mammutbaum aus Nordkalifornien, und den Rafflesiengewächsen, die die größten Blüten ausbilden und in den tropischen Regenwäldern Asiens zuhause sind. Wunder vollbringen Pflanzen auch bei der Vermehrung: So fliegt der Samen des Kanadischen Berufkrauts bis zu 140 Meter hoch und über 500 Kilometer weit. Besondere Intelligenz beweisen Pflanzen hingegen vor allem beim Zusammenleben. Das Buch schließt mit Betrachtungen zum Pflanzenschutz: So erfahren wir, wie die vom Aussterben bedrohte spektakuläre Venusfliegenfalle mit einem Farbstoff geschützt wird, der den Pflanzen die wunderliche Eigenschaft verleiht, unter UV-Licht aufzuleuchten.

Ewald Weber, geb. 1960 in der Schweiz, lehrt Biologie an der Universität Potsdam. Er promovierte an der Universität Basel und forschte anschließend mehrere Jahre in Kalifornien (USA).

Ewald Weber

DAS KLEINE BUCH DER BOTANISCHEN WUNDER

C.H.Beck

Mit 12 Zeichnungen von Sonia Schadwinkel

Die erste Auflage dieses Buches
erschien 2012 in der Beck'schen Reihe.

Originalausgabe
1., durchgesehene Auflage in C.H.Beck Paperback. 2016

Gesamtherstellung: Druckerei C.H.Beck, Nördlingen
Umschlaggestaltung: malsyteufel, Willich
Umschlagabbildung: Metamorphosis von
Maria Sibylla Merian (1647–1717)
Printed in Germany
ISBN 978 3 406 69618 3

www.chbeck.de

INHALT

NATURSCHUTZ

Anhang

VORWORT

In den meisten Naturfilmen, Bildbänden und Kinderbüchern wird den Tieren weitaus mehr Aufmerksamkeit geschenkt als den Pflanzen. Diese stehen einfach lautlos in der Gegend und bilden die Kulisse für die aktiven Tiere: für den Löwen, der durch das Savannengras pirscht, das Eichhörnchen, das von Baum zu Baum springt, oder den Hecht, der zwischen Wasserpflanzen lauert. Und die Besucherzahlen Zoologischer Gärten sind ungleich höher als diejenigen Botanischer Gärten.

Eigentlich ungerecht, denn wir leben auf einem Planeten der Pflanzen. Wohin Sie auch blicken, das Erste, was Sie zu Gesicht bekommen, sind Pflanzen. Im Unterschied zu Tieren tun sie aber offenbar nichts. Vielleicht ist es diese Allgegenwärtigkeit und scheinbare Passivität der Pflanzen, die unser Verhältnis zu ihnen auf pure Zweckmäßigkeit reduziert: Sie dienen als Zierde, Nahrung, Futter, Holz oder Schattenspender. Doch Pflanzen sind nur scheinbar passiv. Die eindrucksvollen Zeitrafferfilme von David Attenborough oder von Volker Arzt zeigen ein ganz anderes Bild: Da wird gezankt, wild um sich geschlagen, gedrängelt, sich gestreckt oder auf- und zugeklappt. Pflanzen sind äußerst aktiv, aber viele Vorgänge im Pflanzenreich gehen nur langsam vor sich und entziehen sich so unserer Aufmerksamkeit.

Pflanzen sind in der Tat langsame Lebewesen und funktionieren vollkommen anders als Tiere. Doch gerade diese Andersartigkeit macht sie so faszinierend. Sie ist auch der Grund, warum der griechische Gelehrte Aristoteles seine liebe Not mit den Pflanzen hatte. Für ihn schreitet die Natur von den unbeseelten Dingen zu den lebenden Wesen allmählich fort, mit dem Menschen als Krone der Schöpfung. Wo in diesem Kontinuum sind die Pflanzen einzuordnen? Ganz offensichtlich sind sie Lebewesen wie die Tiere, aber dennoch sind sie ganz anders als diese. Aristoteles sah in den Pflanzen ein Mittelding zwischen den unbeseelten Dingen einerseits und den beseelten Wesen andererseits. Pflanzen erschienen ihm «im Verhältnis zu den leblosen Dingen fast wie beseelt, im Verhältnis zu den Tieren aber fast wie unbeseelt». Biologisch gesehen lag Aristoteles in seiner Auffassung genau richtig, denn die allermeisten Pflanzen beziehen ihren gesamten Lebensunterhalt im Gegensatz zu den Tieren aus der unbelebten Natur. Sie verbinden also die belebte und die unbelebte Materie.

Dabei kommt den Pflanzen eine Schlüsselrolle zu. Ohne Pflanzen könnte kein einziges Tier leben, auch wir Menschen nicht. Ohne Bäume könnte das Eichhörnchen nicht springen, ohne grasfressende Zebras der Löwe nicht jagen. Nicht nur, dass Tier und Mensch direkt oder auf Umwegen Pflanzen als Nahrung benötigen, auch die Luft zum Leben stammt von ihnen. Denn ohne Pflanzen hätte sich im Laufe der Erdgeschichte kein Sauerstoff in der Lufthülle angesammelt.

Das alles ist Grund genug, sich eingehender mit den Pflanzen zu beschäftigen. Welche Fülle unterschiedlicher Farben und Formen gibt es bei Pflanzen! Auf einem Spaziergang durch einen Botanischen Garten erlebt der Besucher die enorme Vielfalt der Pflanzenwelt, vom stachelbewehrten Kugelkaktus bis zum blauen Mohn aus dem Himalaya, vom gigantischen Mammutbaum bis zur winzigen Wasserlinse. Die Anzahl von Erscheinungsformen der Pflanzen ist schier unermesslich, es gibt beinahe unendlich viele Variationen des einen Grundschemas.

Die Pflanzenwelt birgt viele Geheimnisse und Wunder. Was spielt sich nicht alles auf den Pflanzen, in den Pflanzen und zwischen ihnen ab, ob im tiefsten Dschungel in Borneo oder in der sonnenverbrannten Wüste des Death Valley! Ob auf einer Fläche nicht größer als eine Hand oder auf Tausenden von Quadratkilometern – zahlreiche Vorgänge sind überraschend und erstaunlich.

Dieses Buch bietet eine Sammlung von Essays zu den wichtigsten Aspekten pflanzlicher Lebensweise: zu Artenreichtum, Wachstum, Vermehrung und zum Zusammenleben vieler verschiedener Arten. Dabei greife ich besondere Pflanzenarten heraus und erkläre ihre Biologie, führe Sie zu bestimmten Lebensräumen, spreche aber auch Fragen des Artenschutzes an. Kurz und gut: Ich nehme Sie mit auf einen Streifzug durch die Besonderheiten des Pflanzenreiches.

Ohne die Anregungen von Kolleginnen und Kollegen, ohne die Informationen von Wissenschaftlerinnen und Wissenschaftlern im In- und Ausland wäre dieses Buch nicht entstanden. Ihnen allen sei hier gedankt: Daniel Austin, Wilhelm Barthlott, Michael Burkart, Peter Edwards, Jasmin Joshi, Alexander Kocyan, Jörg Müller, Carsten Niemitz, Richard Grünke, George Koch, Francis Putz, Fred Vaupel und Richard Wrangham.

Michael Burkart, Sinuhe Hahn und Jasmin Joshi lasen Teile des Manuskriptes, und ihre Anmerkungen trugen wesentlich zum Gelingen des Textes bei. Sonia Schadwinkel danke ich für die Anfertigung der Zeichnungen und ihre Begeisterung für das Projekt. Schließlich danke ich Stefan Bollmann und Angelika von der Lahr vom Beck Verlag für ihr Interesse und ihre professionelle Unterstützung während meiner Arbeit an diesem Buch.

Potsdam, März 2012 Ewald Weber

EINLEITUNG: WAS HABEN FINGERHUT UND HUMMEL GEMEINSAM?

Es ist ein warmer Junitag und auf der Waldlichtung steht der Rote Fingerhut *(Digitalis purpurea)* in voller Blüte, eine stattliche Pflanze mit auffallend nach unten gerichteten Blüten. Eine Hummel geht emsig ihrer Arbeit nach und kriecht in den Schlund einer Blüte, sodass alsbald nur noch ihr Hinterleib sichtbar ist. Nachdem sie den Nektar aufgesaugt hat, krabbelt sie heraus und brummt zur nächsten Blüte.

Fingerhut und Hummel, Pflanze und Tier. Gibt es zwischen den beiden Gemeinsamkeiten? Kaum, werden die meisten von Ihnen einwenden, die Unterschiede überwiegen bei Weitem. Tiere können sich bewegen, Pflanzen sind fest angewurzelt. Das ist der meistgehörte Unterschied zwischen Pflanzen und Tieren, doch er hält einer genaueren Prüfung nicht stand. Wenn Sie sich an einer Felsküste aufhalten oder die Meeresaquarien eines Zoos besuchen, können Sie eine ganze Menge an festsitzenden Tieren bewundern: See-Anemonen, Korallen, Schwämme, Fächerwürmer, Seepocken oder Polypenstöcke wie das Zypressenmoos. Sie alle sind genauso wie Pflanzen in Felsritzen oder im Sand verankert und verbringen ihr gesamtes Leben an ihrem angestammten Platz – vom kurzen Larvenstadium einmal abgesehen. Die Fähigkeit, sich aktiv und frei im Raum bewegen zu können, ist also längst nicht allen Tieren vergönnt! Umgekehrt leben im Wasser pflanzenartige Organismen, die frei herumschwimmen und sich aus eigener Kraft vorwärtsbewegen. Sie sind zwar mikroskopisch klein, aber wie die echten Pflanzen mit Blattgrün ausgestattet. Sie zählen zu den einzelligen Algen und besitzen lange, fadenförmige Geißeln, die regelmäßig schlagen und die

Zelle durch das Wasser bewegen. Manche dieser Organismen sind zudem mit einem Augenfleck versehen, einem lichtempfindlichen Organell, das dem Lebewesen den Weg zum Licht weist. Hier zeigt sich, dass bei den Einzellern die Abgrenzung zwischen Pflanze und Tier schwierig ist.

Der wichtigste Unterschied zwischen Pflanze und Tier, ein Unterschied, der für das Leben auf der Erde von allergrößter Bedeutung ist, hat nichts mit der äußeren Gestalt und Beweglichkeit zu tun. Heterotrophie und Autotrophie lauten die Schlüsselworte. Was verbirgt sich hinter diesen hochwissenschaftlich tönenden Begriffen? Eine schon fast banale Selbstverständlichkeit: Pflanzen können Sonnenlicht verwerten und sind daher Autotrophe oder «Selbsternährer», Tiere können das nicht und sind deshalb Heterotrophe, die sich von anderen Lebewesen ernähren müssen. Pflanzen – aber nur solche mit Blattgrün (Chlorophyll) – bauen mittels Photosynthese alle lebensnotwendigen Stoffe aus einfachen chemischen Verbindungen auf, die sie aus der Luft und dem Boden beziehen: Wasser, Kohlendioxid, auch ein bisschen Sauerstoff und Nährsalze – alles Stoffe der unbelebten Natur. Die Energie für den Aufbau des Organismus und das Wachstum stammt von der Sonnenstrahlung, die vom Blattgrün aufgefangen und verarbeitet wird. Diese Ernährungsweise gilt für das gesamte Pflanzenreich, von ein paar Ausnahmen abgesehen, die sich einer alternativen Diät verschrieben haben. Hier zeigt sich ein großer Unterschied zum Tierreich, in dem die Ernährungsweise alles andere als einheitlich ist. Da gibt es Pflanzenfresser, Aasfresser, Fleischfresser und unzählige Arten, die sich auf ein paar wenige Nahrungsquellen spezialisiert haben wie etwa der Koala, ein australischer Beutelbär, der ausschließlich die Blätter und Rinde von bestimmten Eukalyptusbäumen frisst.

Wer sind die Ausnahmen unter den Pflanzen? Sie präsentieren sich als bleiche oder bräunliche Erscheinungen, ohne jegliches Blattgrün und ohne die Fähigkeit, Sonnenenergie zu nutzen. Sie sind auf heterotrophe Ernährung angewiesen, leben von abgestorbenen Pflanzen oder zapfen mittels ihrer Wurzeln andere Pflanzen oder Pilze an. Zu diesen Pflanzen zählt beispielsweise die seltene Schuppenwurz, die ich Ihnen in Kapitel 19 genauer vorstellen werde.

Ich habe es bereits erwähnt: Ohne Pflanzen gäbe es keine Tiere. Die Rolle der Pflanzen als Grundlage allen tierischen Lebens hat der Evolutionsbiologe Karl Niklas treffend beschrieben: «Pflanzen sind Lebewesen, die ohne Absicht gedeihen, ohne Blut oder Hirn entstehen, sich ohne Muskeln bewegen, ohne Selbstbewusstsein daherkommen und ungewollt die Welt ernähren.» Pflanzen funktionieren nicht nur wegen ihrer Ernährungsweise anders als Tiere. Es sind die Mechanik, die Baustoffe und die Problemlösungen, die bei Pflanzen so grundsätzlich anders sind als bei Tieren.

Besuchen Sie einmal das Tropenhaus eines Botanischen Gartens, vielleicht gibt es dort eine kletternde Pfefferpflanze. Der Stängel der Liane schmiegt sich dem Stamm eines Baumes an, und die Wuchsform ist so regelmäßig und geometrisch perfekt, dass sie das Werk eines Kunstschmieds sein könnte. Der Stängel knickt abwechselnd nach links und nach rechts, eine Zickzacklinie bildend, und an jedem Knick entspringt ein einzelnes Blatt. Bei den nach rechts gerichteten Knicken zeigt das Blatt nach rechts, bei den Linksknicken nach links.

Hier zeigt sich etwas ganz Wesentliches. Ein Pflanzenkörper besteht aus einer Vielzahl von sich wiederholenden Grundbausteinen – Botaniker sprechen von Modulen. Dies lässt sich mit den Stockwerken eines Hochhauses vergleichen. Beim Pfeffer entspricht ein einzelnes Modul einem Stück des Stängels mitsamt seinem zugehörigen Blatt, beim Hochhaus entspricht es einer Etage mitsamt den Wohnungen, den Küchen, den Schlafzimmern. Eine Pflanze vermehrt während ihres Wachstums die Anzahl der Module und baut sich aus der ständigen Wiederholung einer Grundform auf. Das setzt aber etwas voraus: Knospen, aus denen neue Module entstehen können, und fortwährendes Wachstum. Damit komme ich dem Wesen der Pflanzen schon sehr viel näher, denn Pflanzen sind offene Organismen. Das bedeutet, dass nicht von vorneherein klar ist, wie groß sie werden, wie sie aussehen werden und wie alt sie werden. Eine Pflanze wächst zeitlebens, ändert ihre Gestalt, und jedes Frühjahr sprießen neue Blätter, wachsen neue Zweige heran oder die Zwiebel bringt neue Stängel hervor.

Bei einem Tier ist das in der Regel nicht der Fall, das alljährliche Abwerfen und Neubilden des Geweihs bei den Hirschen bildet eine Ausnahme. Tierische Organismen, von ein paar wenigen Wirbellosen einmal abgesehen, sind geschlossene Organismen. Es steht von vorneherein fest, wie das erwachsene Tier aussehen und wie groß es in etwa werden wird. Ein Tier hat eine eindeutig festgelegte Anatomie, einen Bauplan, der strikt eingehalten wird. Ist ein Tier ausgewachsen, wächst es nicht mehr. Allerdings wachsen bestimmte Gewebe auch bei Mensch und Tier ein Leben lang; Friseure verdanken diesem Umstand ihren Lebensunterhalt.

Zurück zu den Modulen. Die zoologisch Versierten unter Ihnen werden vielleicht einwenden, dass es ja die Gliedertiere gibt. Diese sind doch, wie der Name sagt, gegliedert. Das ist schon richtig, doch gegliedert bedeutet etwas anderes als modulär. Bei den Gliedertieren – einem Regenwurm etwa oder einem Tausendfüßler – besteht der Rumpf aus einer Kette gleichartig gestalteter Segmente, wie ein Personenzug, nur das vordere und hintere Ende sind anders gestaltet. Dennoch ist das Tier als Ganzes geschlossen, mit einer Mundöffnung und einem After sowie einem Darm, der beide verbindet. Und ein Regenwurm hat keine Knospen, aus denen sich Seitenwürmer entwickeln könnten.

Nun sind da freilich noch die vielen Wirbellosen der Meere, die ich anfangs bereits erwähnt habe und die wie Pflanzen aussehen. Korallenstöcke oder Seefedern sind äußerlich betrachtet modulär aufgebaut, jede einzelne Koralle auf dem gemeinsamen Skelett wäre ein Modul. Doch der große Unterschied zu den Pflanzen besteht darin, dass es sich hier um eine Kolonie handelt. Die einzelnen Tiere haben lediglich eine gemeinsame Trägerstruktur gebildet.

Den modulären Aufbau einer Pflanze erkennt ein Beobachter nicht immer sofort. Bei einer Birke sind sie einfach nicht so klar umgrenzt wie bei der bereits erwähnten Pfefferpflanze, das Prinzip aber ist dasselbe: Der Stamm verzweigt sich in Äste, diese verzweigen sich in dünnere Äste und schließlich in Zweige. Sägen Sie einen Ast ab und stecken ihn in den Boden, und Sie bekommen eine junge Birke. Freilich, bei einem Kugelkaktus wird es in Sachen Module schwierig. Bei ihm sind sie verwachsen, gehen ineinander über, sind zu einer einzigen Kugel verschmolzen. Hingegen verkörpert der Feigenkaktus geradezu bilderbuchhaft den modulären Aufbau: eine Ansammlung aneinandergereihter Segmente wie bei einer Perlenkette. Wenn Sie ein einzelnes Modul in den Boden stecken, schlägt es Wurzeln und wächst an! Dieser Fähigkeit von Pflanzenteilen, wieder auszutreiben, wird in einem späteren Kapitel noch Bedeutung zukommen.

Modulärer Aufbau, lebenslanges Wachstum – das erlaubt der Pflanze einen hohen Grad an Flexibilität, den sie als festsitzender Organismus auch benötigt. Sie kann sich so den Lebensbedingungen ihres angestammten Wuchsortes anpassen. Ist reichlich Wasser vorhanden und der Boden gut, wächst sie gut und erreicht eine stattliche Größe. Auf einem schlechten Boden hingegen gedeiht sie nur kümmerlich, kann aber trotzdem Samen bilden und sich fortpflanzen.

Und wie bleibt eine Pflanze in Form, obwohl sie doch weder Skelett noch Muskeln hat? Pflanzen bedienen sich des Luftmatratzen-Prinzips, mit dem kleinen Unterschied, dass sie sich nicht mit Luft, sondern mit Wasser vollpumpen. Pflanzenzellen haben nämlich zwei Dinge, die tierische Zellen nicht haben: eine feste Zellwand und eine Vakuole. Die Zellwand umschließt die Zelle, gibt ihr Form und Stabilität und ist dafür verantwortlich, dass Sie dieses Buch lesen können. Denn Zellwände bestehen aus Zellulose, dem Ausgangsstoff für die Papierherstellung.

Die Vakuole ist eine große Blase in der Zelle, eine Art Ballon, gefüllt mit einer wässrigen Flüssigkeit. Oft sind darin Farbstoffe gelöst, die etwa Heidelbeeren so blau machen. Die Vakuolen drücken auf die Zellwände, die Zellen werden prall und die Pflanze wird zu einem stabilen Gebilde, eben wie eine aufgeblasene Luftmatratze. Pflanzen stehen daher ständig unter einem inneren Druck. Bekommen die Schnittblumen in einer Vase kein Wasser mehr, verringern sich die Vakuolen in den Zellen, der Druck fällt ab, die Blumen lassen ihre Köpfe hängen und werden zu einem jämmerlichen Abbild ihrer selbst.

Wenn aber Pflanzen sehr groß werden, wie Sträucher und Bäume, dann genügt das Luftmatratzen-Prinzip nicht mehr. Die Zellwände werden nun so dick und stark, dass sie einen Baustoff bilden, der eine selbsttragende Stütze liefert – das Holz eines Baumstammes. Das verholzte Gewebe ist tot, es dient nur noch als Skelett.

Doch jetzt habe ich schon viel zu lange über die Unterschiede zwischen Pflanze und Tier gesprochen. Wie steht es denn um die Gemeinsamkeiten zwischen Fingerhut und Hummel?

«Beides sind Lebewesen», meinte ein Schüler, dem ich diese Frage stellte. Wie recht er hat! Pflanzen und Tiere, Pilze und Bakterien sind Angehörige der belebten Natur auf unserem Planeten. Sie nutzen, zusammen mit uns, den Boden, die Luft und das Wasser. Daher ist die Feststellung des Jungen in keiner Weise banal und es muss zwangsläufig biologische Gemeinsamkeiten zwischen den beiden so unterschiedlichen Gruppen an Geschöpfen geben. Mehr noch, Pflanzen, Tiere und der Mensch müssen vor sehr langer Zeit einen gemeinsamen Vorfahren gehabt haben; die Kreationisten mögen mir verzeihen. Wissenschaftler gehen davon aus, dass vor 1,6 Milliarden Jahren der Stamm der Tiere sich vom Stamm der Pflanzen trennte und dass der gemeinsame Vorfahre ein einzelliges Wesen war, ähnlich den vielen Einzellern, die heute noch in Wassertümpeln und im Meer leben. Damals gab es überhaupt nur Einzeller. Das hat ein interessantes Detail zur Folge: die Mehrzelligkeit – alle größeren

Organismen dieser Welt bestehen aus einer Vielzahl von Zellen, bei Ihnen sind es rund zehntausend Milliarden – hat sich im Laufe der Evolution zweimal entwickelt. Einmal im Tierreich und einmal im Pflanzenreich.

Ein gemeinsamer Ursprung führt zwangsläufig zur größten Gemeinsamkeit zwischen Pflanze und Tier. Gemeint ist der Aufbau der Erbanlagen, die in den Chromosomen verpackt sind. Pflanzliche und tierische DNA sind genau nach demselben Muster gestrickt und sie werden bei jeder Zellteilung auf dieselbe Art und Weise kopiert. So schreibt der Physik-Nobelpreisträger Erwin Schrödinger (1887–1961) in seinem kleinen Büchlein «Was ist Leben?»:

«Wenn wir die Struktur der Chromosomen einen Code nennen, so meinen wir damit, dass ein alles durchdringender Geist, dem jegliche kausale Beziehung sofort offenbar wäre – wie Laplace ihn sich einmal vorgestellt hat –, aus dieser Struktur voraussagen könnte, ob das Ei sich unter geeigneten Bedingungen zu einem schwarzen Hahn, einem gefleckten Huhn, zu einer Fliege oder Maispflanze, einer Alpenrose, einem Käfer, einer Maus oder zu einem Weibe entwickeln werde.»

Was Schrödinger anspricht, ist der universale genetische Code, das Alphabet der Gene. Bei allen Unterschieden zwischen Pflanze und Tier, auf zellulärer und molekularer Ebene sind die Gemeinsamkeiten geradezu verblüffend. Hier funktioniert ein kolossales Nashorn gar nicht so verschieden wie das Gras, das es mit seinem breiten Maul abweidet. Es ist nicht nur derselbe Aufbau der DNA, sondern auch dieselbe Art und Weise, wie die Gene der DNA gelesen und ihre Informationen umgesetzt werden – derselbe biochemische und komplexe Vorgang, bei denen bestimmte Eiweißstoffe eine Arbeitskopie eines Genes anfertigen, die als Vorlage für die Herstellung neuer Eiweiße dient.

Diese Ähnlichkeit, fast schon Übereinstimmung, der biochemischen Vorgänge in den Zellen von Pflanzen und Tieren zeigt, dass das Leben auf der Erde nur einmal entstanden sein kann. Die ersten Lebewesen traten vor etwa 3,8 Milliarden Jahren auf die Bühne, und seither ist unser Planet ein Ort der Biologie geworden.

Pflanzen haben darüber hinaus noch viele weitere Gemeinsamkeiten mit Tieren: Auch Pflanzen haben Hormone und Sex, Pflanzen können ebenso wie Tiere unter Stress leiden, krank werden, und auch bei Pflanzen kommen Missbildungen vor.

Pflanzen und Tiere verbindet darüber hinaus die Tatsache, dass beide gezeugt werden und eines Tages sterben. Diese Gemeinsamkeit hat nichts mit der Anatomie und Biologie des Individuums zu tun, sondern mit den Aspekten, die für die Anbieter von Lebensversicherungen und für die Wirtschaft gleichermaßen von Bedeutung sind: Geburtenrate, Sterberate, Einwanderung, Auswanderung. Also all die Dinge, die eine Gemeinschaft vieler Individuen, eine Population, auszeichnen. Man sucht einen Partner, man paart sich, man zieht Junge auf und sichert so den Fortbestand der Art. Dieselben Mechanismen des Bevölkerungswachstums zeigen auch Pflanzen. Partnersuche und Paarung heißen bei ihnen einfach Bestäubung und Befruchtung, Junge aufziehen einfach Samen verbreiten. Der britische Nationalökonom Thomas Robert Malthus (1766–1834) machte in seinem «Aufsatz über das Prinzip von Populationen» bereits auf die gemeinsamen Mechanismen des Populationswachstums bei Pflanzen und Tieren – und beim Menschen – aufmerksam, nämlich dass Raum und Nahrungsangebot nicht unendlich sind und deshalb das Populationswachstum begrenzt wird. Folglich können nicht alle Nachkommen groß werden. Wie aktuell die Gedanken von Malthus heute sind! Er schreibt: «Die Keime des Lebens auf dieser Erde, mit überreichlich viel Nahrung und Platz, würden im Laufe von ein paar Tausend Jahren Millionen von Welten füllen.» Ein enormes Vermehrungspotential einer jeden Art, das in der Realität stark begrenzt wird, das gilt für Pflanzen und Tiere gleichermaßen.

ARTENREICHTUM

1.
Wie viele Pflanzenarten gibt es?

Die folgenden Ausführungen werden vielleicht ein klein wenig theoretisch anmuten. Aber wie sagte der österreichische Jurist Joseph Unger: «Es gibt keine trockene Wissenschaft. Es gibt nur trockene Gelehrsamkeit und trockene Gelehrte.» Von Zahlen soll hier die Rede sein, genauer gesagt, von der Anzahl der Pflanzenarten.

Was denken Sie, wie viele verschiedene Pflanzenarten es auf der Welt gibt? Die wenigsten Menschen haben davon eine Ahnung, wie eine kürzliche Studie der Universität Zürich zeigte. Die Biologin Petra Lindemann-Matthies und ihre Mitarbeiterin machten in Zürich eine Umfrage zu diesem Thema und fragten Leute in der Stadt, wie viele Pflanzenarten denn ihrer Meinung nach in der Schweiz und weltweit vorhanden seien? Sie machen sich keine Vorstellung von den riesigen Unterschieden in den Antworten! Die Schätzungen für die Schweiz reichten von gerade einmal hundert Arten bis zu vier Milliarden, den weltweiten Bestand vermuteten die Befragten von zweihundert Arten bis zu tausend Billionen – eine wahrhaft astronomische Zahl.

Eine markante Wissenslücke, die im Zeitalter der Biodiversität erstaunlich ist. Hier sind die Zahlen: In der Schweiz wachsen etwa 3000 Wildpflanzenarten, weltweit sind es schätzungsweise 300 000 Arten. Sie sehen, selbst Wissenschaftler kennen die genaue Anzahl nicht und können sie nur schätzen. Sie entdecken laufend neue Arten, etwa die neue Azalee *(Rhododendron heterolepis)*, die französische Botaniker 2010 in den unzugänglichen Bergen Neuguineas entdeckten. Oder der spektakuläre Neufund einer urtümlichen Baumart in den australischen Blue Mountains, der Wollemi-Kiefer *(Wollemia nobilis)*, die ein Ranger 1994 entdeckt hat. Wissenschaftler stellen aber auch fest, dass laufend Arten aussterben und für immer von der Erde verschwinden. Angesichts dieser Dynamik verwundert es nicht, dass eine genaue Buchführung über die globale Artenvielfalt kaum möglich ist. Die Tatsache, dass immer noch neue Arten entdeckt werden können, legt den Schluss nahe, dass wir noch nicht über die gesamte Artenvielfalt im Bilde sind. Daher gibt es zwei Sorten von Artenzahlen: die Anzahl erfasster und beschriebener Arten einerseits und die Gesamtanzahl existierender Arten andererseits. Lässt sich Letztere wenigstens annäherungsweise angeben? Wie viele Arten sind es insgesamt, die den Planeten Erde mit uns teilen?

Die Diskrepanz zwischen der Anzahl beschriebener und katalogisierter Arten einerseits und der geschätzten Gesamtzahl an Arten andererseits ist bei bestimmten Gruppen an Lebewesen erstaunlich groß. Wussten Sie zum Beispiel, dass 90 Prozent der Arten in den Ozeanen noch gar nicht bekannt sind? Oder dass bei den Insekten noch Millionen von Arten auf ihre Entdeckung warten? Doch da stellt sich zuerst einmal die Frage, wie Biologen überhaupt zur Anzahl der Arten kommen.

Diese wird durch Hochrechnungen ermittelt, vergleichbar mit den vorläufigen Wahlergebnissen, die das Fernsehen nach einer Wahl präsentiert. Der britische Zoologe Robert May von der Oxford University war einer der Ersten, der sich mit solchen Schätzungen auseinandersetzte. Er veröffentlichte 1988 in der renommierten Fachzeitschrift *Science* einen Artikel, der einen sehr schlichten Titel trug: «Wie viele Arten gibt es auf der Erde?»

Auch wenn May Zoologe ist, möchte ich hier seine Gedankengänge kurz zusammenfassen. May hatte versucht, eine empirische Beziehung zwischen der Anzahl bekannter Arten und der Größe der Tiere verschiedener Tierstämme zu erstellen. Wenn Sie in einem Zoo die Vielfalt der Tierwelt bewundern, schlendern Sie vielleicht an den Gehegen mit Elefanten oder Löwen vorbei, zwei verschiedene Arten an Säugetieren, und besuchen anschließend ein Aquarium mit Fischen und Wirbellosen, vielleicht auch ein Insektarium mit einer Vielzahl von Krabbeltieren. Denken Sie einmal über die unterschiedliche Größe der Tiere nach und machen Sie die Probe aufs Exempel. Welche wirklich großen Tiere kennen Sie? Natürlich den Elefanten, die Giraffe, das Nashorn, das Nilpferd, vielleicht noch den Blauwal. Und wie viele kleine Krabbeltiere bringen Sie zusammen? Ameise, Biene, Essigfliege, Hummel, Küchenschabe, Libelle, Motte, Stechmücke, Stubenfliege, Wespe, Zikade, um nur einige zu nennen. Die meisten der aufgezählten Namen stehen aber nicht für einzelne Arten, sondern für Gruppen von Arten, die einander ähnlich sind; der Systematiker spricht von Gattungen. Bei den Elefanten unterscheiden Zoologen drei verschiedene Arten, den Afrikanischen, den Indischen und den Wald-Elefanten. Bei den Ameisen aber sind es 15 000 Arten! Je kleiner, desto vielfältiger, das gilt für das gesamte Tierreich. Nun ist es aber so, dass bei den Insekten vergleichsweise wenige Arten bekannt sind, viel weniger, als sich aufgrund der Beziehung zwischen Körpergröße und Anzahl der Arten ergeben würde. Das legt den Schluss nahe, dass viele Insektenarten noch gar nicht entdeckt wurden.

Und wie steht es um die Pflanzen? Gibt es auch hier eine Beziehung zwischen Größe und Artenzahl?

«Im Pflanzenreich gibt es genau die gleiche klare Beziehung zwischen Anzahl der Arten und der Körpergröße», erklärt Wilhelm Barthlott, Professor für Botanik an der Universität Bonn. Er hat nicht nur den Lotuseffekt wasserabweisender Blätter untersucht, sondern beschäftigt sich auch mit der globalen Verteilung der pflanzlichen Artenvielfalt. Als Beispiel greift er eine Pflanzenfamilie heraus, deren Arten durch ihr kugeliges oder fassförmiges Aussehen besonders körperlich erscheinen: die Kakteengewächse. Die Familie umfasst etwa 1400 verschiedene Arten, die natürlicherweise nur in der Neuen Welt vorkommen. Von kleinen kugeligen Kakteen sind viel mehr verschiedene Arten bekannt als etwa von kürbisgroßen Kugelkakteen. Und nur zwei Arten erlangen Baumhöhe. Der Armleuchterkaktus oder Saguaro *(Carnegiea gigantea)* wird bis zu fünfzehn Meter hoch und bestimmt in der Sonorawüste der USA und des angrenzenden Mexiko das Landschaftsbild. In Mexiko wächst auch der andere Riesenkaktus, der Cardón *(Pachycereus pringlei)*, der sogar bis zu zwanzig Meter hoch werden kann.

Für das Pflanzenreich braucht es aber gar keine derartigen Überlegungen mehr. Die Pflanzen sind ziemlich gut erforscht, was den weltweiten Artenbestand anbelangt. Die neuesten Schätzungen gehen davon aus, dass etwa 72 Prozent aller Pflanzenarten bekannt sind; im Vergleich zu anderen Stämmen des Lebens ist das ein ziemlich hoher Anteil. Bei den Pilzen sind es nur etwa sieben Prozent, bei den Tieren wegen der vielen noch unbekannten Insekten etwa 12 Prozent. Wer also neue Arten entdecken möchte, sammelt am besten Pilze oder fängt Insekten – und geht in die Tropen.

Der Weltbestand an Arten ist das eine, die Verteilung der Artenvielfalt über den Globus das andere. Die immense Artenvielfalt ist in keiner Weise gleichmäßig über den Globus verteilt. Naturforscher wie Alexander von Humboldt haben schon im 19. Jahrhundert bemerkt, dass es offensichtlich eine Beziehung zwischen der geographischen Breite und der lokalen Artenvielfalt gibt: eine allgemeine Zunahme der Anzahl der Arten, je näher man dem Äquator kommt. Spätere Untersuchungen durch Zoologen und Botaniker haben tatsächlich einen klaren Zusammenhang zwischen dem Breitengrad und der Artenvielfalt gezeigt.

Tatsächlich sind die Tropen die Schatzkammer der biologischen Vielfalt. Ein paar Zahlen sollen dies veranschaulichen. In Deutschland wachsen etwa 2500 verschiedene Wildpflanzenarten, auf der kleinen Insel Barro Colorado Island in Panama jedoch etwa 1200 Arten. Jedoch? Die Insel hat eine Fläche von lediglich 15 Quadratkilometern! Sie würde etwa 24 000 Mal in Deutschland hineinpassen. Die Artendichte ist in den Tropen immens hoch, auf engstem Raum wachsen unzählige verschiedene Arten in einem großen Durcheinander neben- und übereinander. Allein auf Barro Colorado Island sind es 365 verschiedene Baumarten, hinzu kommen weitere 847 Pflanzenarten – Sträucher, Kletterpflanzen, krautige Pflanzenarten: eine Artenfülle sondergleichen.

Im Amazonasbecken haben Forscher auf einem einzigen Hektar mehr als 400 verschiedene Baumarten und zusätzlich etwa 100 verschiedene Lianen vorgefunden. Von den Orchideen, Baumfarnen oder Moosen, die die Äste zudecken, ganz zu schweigen. Jede Baumart beherbergt zudem unzählige Insektenarten, die meisten davon Spezialisten, die sich nur von einer oder ganz wenigen Baumarten ernähren und mit den anderen Arten nichts anfangen können. Nicht viel anders ist es bei der Vogelwelt: Im kleinen Staat Costa Rica leben mehr Vogelarten als in ganz Nordamerika. Die biologische Vielfalt hat in den Tropen ihren absoluten Höhepunkt.

Wie ist es möglich, dass auf kleinstem Raum so viele verschiedene Arten zusammen vorkommen? Die Antwort liegt in einem grundsätzlichen Unterschied zwischen einem Laubwald der gemäßigten Zone und einem tropischen Regenwald. Um das zu erklären, greife ich gerne auf zwei Schachbretter und eine Schachtel voller farbiger Steine zurück. Ein Schachbrett hat vierundsechzig Felder und soll eine Probefläche eines Waldes darstellen. Jedes Feld wird mit einem Stein besetzt, der einen Baum symbolisiert. Unterschiedliche Baumarten werden mit unterschiedlichen Steinen dargestellt. Auf dem einen Schachbrett soll ein deutscher Laubwald entstehen, der sich aus drei verschiedenen Baumarten zusammensetzt, dargestellt etwa durch grüne, rote und gelbe Steine. Steine sind in der Schachtel genügend vorhanden. Sie können also die Steine zufällig und ohne groß zu überlegen verteilen, bis das Brett aufgefüllt ist. Jeder wird ein anderes Bild zusammensetzen, der eine nimmt vielleicht vierzig grüne Steine und füllt die restlichen Felder mit den anderen Farben auf, ein anderer platziert von jeder Art zwanzig Steine und füllt die restlichen vier Felder auf, wie es gerade kommt.

Genauso gut könnte ich sechzig grüne Steine nehmen – stellvertretend für die so häufige Buche – sowie zwei rote und zwei gelbe. In jedem Falle besteht der Schachwald aus drei Arten.

Der Regenwald soll naturgemäß artenreicher sein, er soll sechzig verschiedene Arten beherbergen. Ich habe in meiner Schachtel sechzig verschiedene Steine, sie unterscheiden sich in den Farbtönen und in der Musterung. Und nun kommt der entscheidende Punkt: Die einzige Möglichkeit, die sechzig verschiedenen Steine auf dem Schachbrett unterzubringen, besteht darin, von jeder Art nur einen einzigen Stein zu legen. Vier Felder bleiben übrig, diese können beliebig von der einen oder anderen Art besetzt werden. Der tropische Schachwald sieht nun aus wie ein buntes Patchwork, verrät aber das Geheimnis eines Tropenwaldes. Der Sachverhalt lässt sich ganz einfach ausdrücken: In den Tropen gibt es viele Arten mit wenigen Individuen, in den gemäßigten Breiten wenige Arten mit vielen Individuen. Das ist der Grund, warum tropische Regenwälder so überaus artenreich sind. Hinzu kommt, dass ein tropischer Regenwald viel komplexer aufgebaut ist, dort gibt es Bäume unterschiedlicher Höhen, die einen mehrschichtigen Kronenbereich aufbauen. Ein paar besonders hohe Bäume überragen die Kronenschicht und fallen als Überständer schon von weitem auf. Das feuchte und warme Klima lässt Pflanzen auch auf den Ästen sprießen, und Kletterpflanzen hangeln sich an den Baumstämmen nach oben. Ein solch reichlich strukturierter Wald bietet viel mehr Tierarten eine Lebensmöglichkeit als unsere vergleichsweise einfach strukturierten Wälder.

Doch noch ein anderes Phänomen trägt zur hohen Artenvielfalt in den Tropen bei. Sehr viele Organismen der Tropen sind nur regional oder lokal verbreitet, also selten. Das hat mit dem Verbreitungsgebiet zu tun, das uns in Kapitel 3 noch beschäftigen wird. Viele tropische Arten leben in einem vergleichsweise kleinen Gebiet; anders als unsere Buche, die in ganz Mitteleuropa vorkommt. So sind die meisten Arten an tropischen Orchideen nur in ganz bestimmten Gebieten anzutreffen.

Daher ist der Artenverlust, der sich durch das Abholzen tropischer Regenwälder ergibt, so hoch. Seit einem Vierteljahrhundert schrumpfen die tropischen Regenwälder, ohne dass ein Ende in Sicht wäre. Nicht nur, dass viele Pflanzenarten aussterben, auch die vielen Spezialisten unter den Insekten gehen unwiderruflich verloren, wenn ihre Wirtspflanzen verschwinden. Alle Arten, ob Pflanzen, Tiere oder Pilze, tragen jedoch zum Bestehen des Regenwaldes bei, zu seinem Funktionieren als Klimaregulator und als Ressource etwa für künftige Arzneimittel. Deshalb ist der Erhalt der tropischen Regenwälder so außerordentlich wichtig.

2.
Von den Kleinsten und den Größten

«Spieglein, Spieglein an der Wand, wer ist die Schönste im ganzen Land?» Sicher kennen Sie das Märchen vom Schneewittchen. Was würde der Spiegel antworten, wenn er nach der größten Pflanze gefragt werden würde? Wenn er klug ist, würde er zurückfragen, ob es denn die höchste oder die schwerste sein soll? Oder die längste Pflanze? Oder die Pflanze mit den größten Blättern, den dicksten Wurzeln, den schwersten Früchten? Pflanzen sind so unterschiedlich in ihrer Gestalt und in ihren Proportionen, dass neben der absoluten Größe auch interessant ist, welche Art die größten Pflanzenorgane hervorbringt. Und selbstverständlich stellt sich die Frage nach den kleinsten Pflanzen der Welt. Mit den Kleinsten möchte ich meine Ausführungen beginnen.

Was denn die kleinste Pflanze sei, fragte ich auf einer Exkursion. «Die Wasserlinse natürlich!» Das kam wie aus der Pistole geschossen und ist nahezu richtig. Bei uns in Deutschland gehört die Kleine Wasserlinse *(Lemna minor)* mit ihrem wenige Millimeter langen, blattartigen Spross in der Tat zu den kleinsten Blütenpflanzen, sie ist aber nicht die kleinste. Immerhin erreicht die einzige Wurzel der Pflanze zehn Zentimeter Länge. Nein, es ist eine nahe verwandte Art, die Zwergwasserlinse *(Wolffia arrhiza)*. Die kaum einen Millimeter langen grünen Ovale haben überhaupt keine Wurzeln und liegen flach auf der Wasseroberfläche. Aber auch die Zwergwasserlinse ist nicht die kleinste Blütenpflanze der Welt.

Die kleinste Blütenpflanze ist eine nahe Verwandte und trägt sinnigerweise den wissenschaftlichen Namen *Wolffia microscopica*. Ein Mikroskop ist in der Tat vonnöten, will man die Pflanze genau betrachten. Eine winzige Wasserpflanze aus Indien, nicht größer als ein Stecknadelkopf. Sie ist nicht viel mehr als ein Zellhaufen, ohne Wurzeln, ohne Blätter und Stängel, einem kurzen Nagel ähnlich, der auf dem Wasser dahintreibt.

In der Natur kommen die Pflanzenwinzlinge kaum zum Blühen, sondern vermehren sich ungeschlechtlich, indem neue Tochterpflanzen aus dem Gewebe gebildet werden und sich von der Mutterpflanze abtrennen. Man hat den Eindruck, dass wegen der Kleinheit das Blühen Mühe bereitet – schließlich ist es eine Herausforderung, auf dieser Größenskala richtige Blüten zu formen. Daher war es einen Artikel in der renommierten Fachzeitschrift *Nature* wert, über den Blüherfolg von *Wolffia microscopica* zu berichten. Das war 1963. Indische Forscher kultivierten damals die Pflanze in kleinen Glaskolben, experimentierten mit verschiedenen Nährlösungen und Lichtbedingungen und brachten die *Wolffia* tatsächlich dazu, ihre Blüten zu offenbaren: Ein einzelnes, mikroskopisch kleines Staubblatt entsprang dem Nagelkopf, und daneben wuchs ein noch viel kleinerer Fruchtknoten heran. Alles nur andeutungsweise, wie bei Figuren für eine Modelleisenbahn, die zu klein sind, um sie mit Gesichtern zu versehen.

Und auf dem Land, auf festem Boden? Hier dürfte der Acker-Kleinling *(Centunculus minimus)* zu den kleinsten Blütenpflanzen Deutschlands zählen, ein zartes einjähriges Pflänzchen mit einem Stängel von lediglich ein paar wenigen Zentimetern Länge. Allerdings hängt die Wuchshöhe sehr stark von den Bedingungen des Bodens ab; ist genügend Feuchtigkeit vorhanden, werden die Pflanzen deutlich größer.

Doch nun zum anderen Ende der Superlative. Den Titel eines Größenrekordes tragen einige Pflanzenarten, die unterschiedlicher nicht sein könnten und auf den verschiedensten Kontinenten leben. Selbstverständlich sind die höchsten Pflanzen der Erde Bäume; sie ragen über 100 Meter hoch in den Himmel. Der derzeit höchste Baum der Erde ist ein 115 Meter hoher Küsten-Mammutbaum *(Sequoia sempervirens)*, der in den nebelverhangenen küstennahen Wäldern im Norden Kaliforniens wächst. Ein Vogel auf dem obersten Zweig des Baumes – wenn dieser neben dem Petersdom stünde –, könnte direkt in die kleine Kuppel unter dem Kreuz hineinsehen. Früher dürfte es noch höhere Exemplare gegeben haben, doch viele der alten Riesen fielen den Sägen zum Opfer. Auf diesen Baum werde ich in Kapitel 5 ausführlich zu sprechen kommen.

Kalifornien weist noch weitere Rekorde auf. Der Mammutbaum *(Sequoiadendron giganteum)* wird oft mit dem Küsten-Mammutbaum verwechselt, ist aber eine ganz andere Baumart. Mammutbäume sind nicht die höchsten, aber die massigsten und schwersten Bäume. Sie kommen nur in einem kleinen Gebiet der Sierra Nevada vor und lassen sich am besten im Sequoia National Park bewundern. Da sind der «General Sherman», 83 Meter hoch und an seiner Basis elf Meter dick, oder der «General Grant» mit 82 Meter Höhe und über zwölf Meter Durchmesser. Riesenbäume, unter denen man sich ganz klein vorkommt.

Dick, aber nicht besonders hoch ist der Afrikanische Affenbrotbaum oder Baobab *(Adansonia digitata)*, der in der Savanne schon von weitem durch sein bizarres Äußeres auffällt. Er ist nur etwa zwanzig Meter hoch, doch der Stamm wird bis zu neun Meter dick und steht somit dem Mammutbaum nicht nach. Manche Affenbrotbäume wachsen zu einem kerzengeraden Stamm mit einer runden Wölbung am oberen Ende, der ein beinahe lächerliches Geäst aufgesetzt ist. Der Baum erinnert an einen Industriekessel und tatsächlich speichern die Stämme Wasser. Bis zu 120 000 Liter haben darin Platz.

Bisher habe ich von Bäumen gesprochen, die massive Stämme besitzen. Wie steht es aber um die Krone? Was die größte Baumkrone anbelangt, so heißt es, nach Indien zu reisen, genauer: in den Botanischen Garten der Stadt Haora in der Nähe Kalkuttas. Hier wächst ein Baum, der aus der Ferne wie ein kleines Wäldchen wirkt, sage und schreibe 14 500 Quadratmeter Fläche einnimmt – das entspricht etwa drei Fußballfeldern – und einen Umfang von einem Kilometer hat. Das Wäldchen besteht aus über 3000 Luftwurzeln, die die langen Äste des Baumes stützen. Damit wird das Wesen des Baumes klar, denn hier handelt es sich um einen besonderen Feigenbaum, eine Bengalische Banyan-Feige *(Ficus benghalensis)*. Dass es sich um einen einzelnen Baum und nicht um ein Wäldchen handelt, wird jedem Besucher klar, der unter das Blätterdach tritt. Die Äste sind lang, sehr lang, sie führen aber alle zu einem Mittelpunkt, zum zentralen Stamm, der jedoch wegen eines Pilzbefalls entfernt werden musste. Gestützt werden die Äste von den unzähligen Luftwurzeln, die aus ihnen nach unten gewachsen sind und sich im Boden verankert haben. Das gehört zur Lebensweise des tropischen Baumes. Jeder Ast, der vom Hauptstamm aus nach außen wächst, sendet bald Luftwurzeln nach unten, die sich mit der Zeit verstärken und das Ausmaß von kleinen Stämmen erreichen.

Nicht ganz so spektakulär, aber immer noch eindrucksvoll ist ein Kletterstrauch in der kleinen Stadt Sierra Madre in der Nähe von Los Angeles, Kalifornien. Jedes Jahr im März wird hier das Blauregenfest gefeiert, mit Musikkapellen, Spielwiese, Grillständen und allem, was zu einem Festival gehört. Anlass ist die Blütezeit des Blauregens *(Wisteria sinensis)*, einer der beliebtesten Kletterpflanzen überhaupt. Die hängenden und duftenden lila Blütenstände sind besonders schön über einer Pergola, und das dichte Laub spendet angenehmen Schatten. Im Mittelpunkt des Festes steht ein besonderes Prachtexemplar dieses Gewächses. Auf unzähligen Holzstangen spannt sich ein Blauregendach über eine Fläche von etwa 4000 Quadratmetern, und die weiteren Angaben der biometrischen Daten sind kaum zu fassen: Die Pflanze hat ein Gewicht von 250 Tonnen, sie bringt an die 1,5 Millionen Blüten hervor und besteht aus etwa 500 Ästen.

Begonnen hatte alles 1894. Damals kauften William und Alice Brugman die Pflanze für 75 Cents in einer nahen Gärtnerei und pflanzten sie in ihren Garten. Sie gedieh offensichtlich prächtig und die Brugmans hatten nichts dagegen, dass sie immer mehr Raum beanspruchte. 1918 gab es das erste Blauregenfest, das mit 12 000 Besuchern für die damalige Zeit sicher ein großer Erfolg war.

Trotz der überdimensionierten Größe des Blauregens oder des Banyanbaumes, sind seine Blüten und Blütenstände ganz normal, wie bei jedem anderen Exemplar auch. Doch wer bringt die größte Blüte hervor und wer den größten Blütenstand?

Die größte Blüte gehört einer Pflanze, die eher wie ein Pilz statt wie eine Pflanze lebt. Sie hat keine Blätter, keinen Stängel und auch keine Wurzeln, führt ein unscheinbares und verborgenes Leben als Schmarotzerpflanze oder Parasit in einer anderen Pflanze; in Kapitel 19 werde ich näher auf solche Pflanzen eingehen. Die Blüten aber lassen sich sehen! Sie erreichen einen Durchmesser von etwa einem Meter. Die Pflanze gehört zu den Rafflesiengewächsen, die in den tropischen Regenwäldern Asiens leben. *Rafflesia arnoldii* lautet der wissenschaftliche Name der Pflanze mit der größten Blüte. Klar, dass eine solche Riesenblüte nicht an einem Stängel hängen, sondern nur auf dem Boden gebildet werden kann. Fünf riesige rostbraune Kronblätter umschließen ein rundes Gebilde mit zackenförmigen Ausstülpungen. Die Blüte verströmt einen unangenehmen Geruch und verrät sich als Aasblume, die bestimmte Fliegen anlockt. Sie bringen den Blütenstaub von einer Blüte zur anderen und sorgen so für die Befruchtung.

Während bei der Rafflesie eine einzelne Blüte vorhanden ist, sind die Blüten beim Blauregen zu Trauben vereint und bilden einen Blütenstand. Vielleicht haben Sie einen Kirschlorbeer im

Garten oder eine Yucca, auch hier sind viele Blüten in einem gemeinsamen Ständer vereint. Den größten Blütenstand des Pflanzenreiches findet man bei Pflanzen, die eher mit einem Urlaub in der Karibik in Verbindung gebracht werden als mit Pflanzenrekorden: bei den Palmen.

Von den vielen verschiedenen Palmen ist die Schopfpalme oder Talipotpalme *(Corypha umbraculifera)* in zweierlei Hinsicht bemerkenswert. Zum einen, weil sie für eine Palme eine vollkommen untypische Lebensweise aufweist: Sie blüht nur ein einziges Mal und geht danach ein. Das kennt man doch von den Agaven und Yuccas in den Wüsten der Neuen Welt, wo sie braune und vertrocknete Blütenstände zurücklassen. Zum anderen, weil ebendiese Palmenart den größten Blütenstand hervorbringt. Die Schopfpalme wächst also 30 bis 40 Jahre lang, ohne jemals Blüten zu entwickeln, und wird dabei etwa 25 Meter hoch. Und dann blüht sie. Welch ein spektakulärer Anblick! Wie ein überdimensionierter Weihnachtsstern auf einem Christbaum thront der Blütenstand auf der Palme. Ein über sechs Meter hohes Gebilde aus Millionen winziger cremefarbener Blüten, ein Feuerwerk, das allzu bald wieder erlischt. Die Früchte indes reifen erst zwölf Monate nach der Blüte heran. Auch die Blätter der Palme sind riesig, und ein Forschungsreisender aus Europa schrieb 1681 aus Indien: «Ein einziges Blatt ist so groß, dass darunter fünfzehn bis zwanzig Mann Platz finden und bei Regen trocken bleiben.»

Nicht ganz so groß, aber auf ihre Art nicht minder imposant sind die Blütenstände einer Pflanze, die auf der Kanareninsel Teneriffa zuhause ist. Hier bestimmt der 3718 Meter hohe Vulkan Teide die Landschaft. Der Naturforscher Alexander von Humboldt hatte 1799 von der Umgebung des Teide geschrieben, dass er noch nirgends «… ein so mannigfaltiges, so anhebendes, durch die Verteilung von Grün und Felsmassen so harmonisches Gemälde gesehen habe …» Mannigfaltig ist die Flora Teneriffas und der übrigen Kanareninseln in der Tat. Vielleicht haben Sie schon einmal im Mai die riesigen Blütenstände des Wildpret-

Natternkopfs *(Echium wildpretii)* gesehen? Er wächst auf etwa 2000 Meter Höhe an den Hängen des Teide und seine schlanken, dicht mit roten Blüten besetzten Kerzen erreichen zwei bis drei Meter Höhe. Eine einzelne Pflanze trägt an die 50 000 Einzelblüten – in der wilden Vulkanlandschaft und unter dem stahlblauem Himmel bieten die Blütenkerzen ein farbenprächtiges Bild.

Natürlich muss hier auch die Titanwurz *(Amorphophallus titanum)* erwähnt werden. Immer wenn diese Knollenpflanze aus dem indonesischen Urwald in einem Botanischen Garten zum Blühen kommt, zieht das unzählige Besucher an. So auch am 14. Mai 2011 im Botanischen Garten Berlin. Die Pflanze stand im Tropenhaus in einem riesigen schwarzen Topf. Auf einem kurzen, armdicken Stängel entfaltete sich ein riesiges Hüllblatt, auf der Innenseite rostrot, am Rande gefranst wie ein Rucolablatt. In der Mitte ragte ein bräunliches und faltiges Gebilde nach oben – der Kolben, am ehesten vergleichbar mit einer überdimensionierten Morchel, dessen Fruchtkörper noch nicht voll entfaltet ist. Er kann ein bis zwei Meter Höhe erreichen. Auch hier handelt es sich um einen Blütenstand, denn die eigentlichen Blüten verstecken sich im unteren Teil des Kolbens, genau wie beim einheimischen Aronstab *(Arum maculatum)*, der mit der Titanwurz nahe verwandt ist. Die Knolle einer Titanwurz ist ebenfalls gigantisch, denn sie erreicht ein Gewicht von 100 Kilogramm.

Nun wäre meine Betrachtung der Größenrekorde im Pflanzenreich unvollständig, wenn ich nicht auch einen Blick unter die Erdoberfläche werfen würde. Wurzeln und ihre mannigfaltigen Abwandlungen gehören schließlich genauso zu einer normalen Pflanze wie die Stängel. Wer hat die längsten oder tiefsten Wurzeln?

Intuitiv würden Sie vielleicht denken, dass ein gigantischer Baum wie der Mammutbaum auch ein gigantisches und tief reichendes Wurzelwerk haben muss, um den Baum im Boden zu verankern. Dem ist aber nicht so. Es besteht kein Zusammenhang zwischen der Höhe über dem Boden und der Tiefe unter dem Boden. Die Wurzeln eines Mammutbaumes sind dick und stark, doch sie reichen höchstens einige Meter in den Boden. Die längsten und tiefsten Wurzeln sind – auf den ersten Blick mag das paradox klingen – in der Wüste zu finden. So mancher Wüstenstrauch senkt seine Wurzeln bis in den Grundwasserspiegel ab und saugt das kostbare Nass nach oben. Der Mesquitebaum *(Prosopis glandulosa)*, ein Mimosengewächs mit zarten gelbgrünen Blütenkerzen, wächst in den Wüsten der Neuen Welt und ist ein echter Tiefwurzler. In einer amerikanischen Kupfermine staunten Arbeiter beim Abtragen der Erdschichten nicht schlecht, als sie noch 50 Meter unter der Erdoberfläche Wurzeln des Mesquitebaumes gefunden haben. Da es sich um ein stattliches Stück Wurzel handelte, kann das nicht das Ende gewesen sein, und wie tief Wüstensträucher im Boden hinabreichen können, weiß niemand. Sie lassen sich ja nicht so einfach ausgraben wie ein Löwenzahn! Eigentlich sind diese Bäume gar nicht an Trockenheit angepasst, denn sie holen sich das notwendige Nass aus dem Grundwasser und umgehen dabei das Problem der unregelmäßigen und spärlichen Regenfälle. Für den Keimling aber ist es ein Kampf auf Leben und Tod, in der kurzen Zeit, da der Boden nach einem Regen genügend feucht ist, seine Wurzeln rasch genug zum Grundwasser abzusenken. Die meisten Keimlinge schaffen das nicht und vertrocknen.

Und wie steht es mit den Früchten? Die größte natürlicherweise vorkommende Frucht wiegt bis zu zwanzig Kilogramm und stammt von der Seychellen-Palme, die ich Ihnen in Kapitel 12 näher vorstellen werde. Ach ja, da ist noch der schwerste Kürbis, der es ins Guiness-Buch der Rekorde geschafft hat. Der Eintrag lautet: «Der mit kolossalen 766,12 kg schwerste Kürbis wurde von Joseph Jutras (USA) beim Riesenkürbiswiegen von New England auf dem Topsfield Fair in Topsfield, Massachusetts (USA), am 29. September 2007 ausgestellt. Josephs Riesengemüse schlug den bestehenden Rekord für den schwersten Kürbis um gewaltige 84,8 kg.»

Ein Ungetüm von einem Kürbis, nicht mehr rund, sondern wulstig und abgeplattet liegt er auf dem Tisch. Wenn aus ihm eine Fratze für Halloween geschnitzt worden wäre, hätte man wohl einen Kronleuchter zu seiner Beleuchtung einbauen müssen. Die Pflanze, die dahintersteckt, ist keine Wildpflanze, sondern eine südamerikanische Kulturpflanze namens Riesenkürbis *(Cucurbita maxima)*.

Sicher ist diese Frucht eine erstaunliche Wuchsleistung einer Kulturpflanze, die eben auf starkes Wachstum getrimmt und mit Dünger vollgestopft wurde. Doch im Grunde genommen sind die natürlichen Pflanzenrekorde viel spannender, denn sie stellen eine Laune der Natur dar. Sie zeigen einmal mehr, wie gegensätzlich die Pflanzenwelt ist und wie viele Spielvarianten die Evolution hervorgebracht hat, letztlich alles unter dem Motto, sich in der freien Natur behaupten zu können.

3. Von selten bis allgegenwärtig

Der Mensch ist immer noch Jäger und Sammler. Er jagt Schnäppchen und sammelt allerhand, von Andenken bis Zuckertütchen, und sein Herz schlägt höher, wenn er ein besonderes Objekt für seine Sammlung ergattern kann: eine seltene Briefmarke etwa oder ein rares Mineral. Was aber zeichnet eine seltene Briefmarke aus? Eine, von der nur wenige Exemplare existieren, sei es, weil sie eine historische Marke ist und die meisten Exemplare im Laufe der Geschichte vernichtet wurden, sei es, weil es nur eine ganz kleine Auflage gab.

Bei den Pflanzenarten ist es genauso, und ein echter Botaniker gerät in Verzückung, wenn er auf einer Exkursion eine seltene Pflanze findet. Da wird der Fotoapparat hervorgeholt und rasch ein Bild geschossen.

Von «selten» und «häufig» soll hier die Rede sein. Sicher stimmen Sie mit mir darin überein, dass es auf der Welt viel mehr

Löwenzahn als Frauenschuh gibt. Während der Löwenzahn zu den häufigsten Pflanzenarten überhaupt zählt, ist der Frauenschuh eine seltene Orchidee. Doch was bedeuten «häufig» und «selten»? Wo sind die Grenzen, wo geht das eine in das andere über? Wie viel Löwenzahn müsste verschwinden, damit er selten wird? Und warum sind manche Pflanzenarten rar?

Die Sache mit «häufig» oder «selten» ist gar nicht so einfach. Auf der Kanareninsel La Palma, der Insel des ewigen Frühlings, habe ich Weinbauern beobachtet, wie sie das Gras zwischen den Rebstöcken mähten, mit einem dieser lärmenden Dinger, bei denen eine rotierende Schnur an einer Stange alles abrasiert. Auch eine prächtige Pflanze mit rosa Blütenköpfen fiel dem Gerät zum Opfer, die überaus zahlreich im Gras wuchs, ein Unkraut eben. Aber diese Pflanzenart – Papierartige Cinerarie *(Pericallis papyracea)* mit Namen – existiert nur auf La Palma und sonst nirgendwo auf der Welt, nicht einmal auf den anderen Kanarischen Inseln, von den kultivierten Pflanzen in Botanischen Gärten einmal abgesehen. Wahrscheinlich haben Sie noch nie von dieser Pflanze gehört. Sie ist eine sogenannte endemische Art, weil ihr Vorkommen auf ein kleines Gebiet beschränkt ist. Die Art ist auf den Kanarischen Inseln entstanden, und weltweit betrachtet darf sie als äußerst selten angesehen werden. Schließlich nimmt die kleine Insel La Palma nur einen winzigen Bruchteil der gesamten Landfläche der Erde ein. Doch auf diesem Eiland ist die Cinerarie häufig, tritt sogar massenhaft auf, wächst an Wegrändern, an Mauern, an Waldrändern und zwischen Rebstöcken. Wenn die Weinbauern wüssten, welch Unikum von einem Unkraut sie schneiden!

Die Frühlings-Küchenschelle ist in Deutschland selten geworden und sogar vom Aussterben bedroht.

Ganz anders als bei der Papierartigen Cinerarie verhält es sich bei der Bunge *(Samolus valerandi)*, einem etwa 40 Zentimeter hohen Primelgewächs mit kleinen weißen Blüten, das an Gräben und Ufern wächst. Die Pflanze ist weltweit verbreitet, kommt aber nirgendwo

gehäuft, also in größerer Stückzahl, vor. Meist sind es vereinzelte Pflanzen, die ein Beobachter sieht. Auch die Bunge ist selten, wenn auch aus anderen Gründen.

Damit komme ich dem Wesen von «selten» und «häufig» schon näher. Beides hat mit dem Gebiet zu tun, in welchem eine Art vorkommt – ihrem Verbreitungsgebiet – und mit der Anzahl einzelner Pflanzen dieser Art in dem betreffenden Gebiet. Doch zunächst ein paar Worte zum Verbreitungsgebiet.

Jede Art, egal ob Schlüsselblume oder Wildschwein, zeichnet sich durch eine ganze Reihe von Merkmalen aus: Bei Pflanzen sind es etwa Farbe und Form der Blüten, Größe und Gestalt der Blätter und unzählige weitere Merkmale. Das sind die biometrischen Daten, die eine Art beschreiben und definieren und sie von anderen Arten abgrenzen. So hat die Wald-Schlüsselblume *(Primula elatior)* hellgelbe Blüten, die Frühlings-Schlüsselblume *(Primula veris)* aber goldgelbe Blüten. Ein anderes, eher abstraktes und nicht direkt sichtbares Merkmal ist das Verbreitungsgebiet. Es kann nur durch vielfache Beobachtungen und das Eintragen von Fundorten auf einer Karte dargestellt werden, doch das Verbreitungsgebiet ist genauso kennzeichnend für eine Art wie die Blattform oder die Blütenfarbe.

Die Verbreitungsgebiete verschiedener Pflanzenarten könnten nicht unterschiedlicher sein und reichen von global bis lokal. Weltenbummler wie der Adlerfarn *(Pteridium aquilinum)* kommen auf allen fünf Kontinenten vor, die Buche *(Fagus silvatica)* nur in Europa, und so manche Art hat ein winziges Verbreitungsgebiet, noch viel kleiner als das der Papierartigen Cinerarie auf La Palma. Im Osten der Schweiz etwa, oberhalb von 2600 Metern, zwischen dem Piz Nuna und dem Piz Tavrü, wächst im Felsschutt eine kleine Pflanze, die kaum höher als ein Daumen wird. Im Sommer öffnet sie ihre blassgelben Blüten. Das Ladiner Felsenblümchen *(Draba ladina)* ist nur hier in den Unterengadiner Dolomiten anzutreffen, innerhalb eines Gebietes, das kaum zwölf Kilometer lang ist. Wahrlich, die Schweiz kann auf ihren Endemiten stolz sein!

Verbreitungsgebiet ist das eine, die Anzahl der Pflanzen vor Ort das andere. Eine Pflanze wie der Löwenzahn tritt massenhaft auf, sodass ganze Wiesen zur Blütezeit ein gelbes Meer bilden, während andere Arten so spärlich vorhanden sind, dass selbst ein gewiefter Botaniker erst nach stundenlangem Suchen fündig wird. Damit ergibt sich Seltenheit aus zwei Sachverhalten, der lokalen Häufigkeit einerseits und dem Verbreitungsgebiet andererseits. Mit anderen Worten: Eine Art kann selten sein, weil sie nur in einem kleinen Gebiet wächst, dort aber durchaus massenhaft vorkommen mag, oder weil sie zwar ein großes Verbreitungsgebiet besitzt, aber nirgendwo in größerer Stückzahl auftritt. Natürlich kann sie auch ein kleines Verbreitungsgebiet haben und gleichzeitig nur in wenigen Exemplaren vorkommen, und zwischen diesen Kombinationen gibt es alle möglichen Übergänge.

Seltenheit lässt sich also nicht eindeutig festlegen. Die amerikanische Biologin Deborah Rabinowitz hatte daher sieben verschiedene Formen von Seltenheit unterschieden, sieben verschiedene Kombinationen von der Größe des Verbreitungsgebietes, der lokalen Anzahl der Pflanzen und einer weiteren Einflussgröße – den Ansprüchen der Art an den Standort. Letzteres hängt davon ab, ob eine bestimmte Pflanzenart an sehr vielen verschiedenen Standorten wachsen kann, also keine hohen Ansprüche etwa an die Bedingungen bezüglich Bodenfeuchtigkeit oder Lichtverhältnissen stellt, oder ob sie nur an bestimmten Standorten gedeihen kann, dort, wo die Bedingungen gerade richtig sind. Sie kennen das von Gartenpflanzen. Die einen sind heikel und Sie können sie nicht überall hinsetzen, andere gedeihen einfach, egal wo sie stehen.

Wie kommt es aber nun, dass die eine Art in der Überzahl vorherrscht und die andere sich kaum zeigt? Was hat die eine, was die andere nicht hat?

Sehr oft sind seltene Arten sogenannte Habitatspezialisten, also Pflanzenarten, die nicht einfach überall wachsen können, sondern ganz spezifische Ansprüche an ihren Lebensraum stellen. Der Sonnentau *(Drosera rotundifolia)* etwa wächst ausschließlich in Hochmooren und ist auf dieses Milieu spezialisiert. Die zarten Pflanzenrosetten stecken im Torfmoos, dem Baustoff des Hochmoores, das saure und nährstoffarme Wasser macht der Pflanze nichts aus. Im Gegenteil, ihre Physiologie ist darauf eingestellt und auf einem Lehmboden könnte kein einziger Sonnentau wachsen.

Das Vorkommen des Sonnentaus in der Landschaft fällt daher mit dem Vorkommen seines Lebensraumes zusammen, und Hochmoore sind seltene Lebensräume. Ähnlich verhält es sich mit Pflanzenarten, die an Serpentinböden gebunden sind. Das grünliche Gestein Serpentin bildet einen Boden, der für pflanzliches Wachstum äußerst schwierig ist, weil er viel Magnesium enthält. Pflanzenarten, die sich an diese Böden angepasst haben, sind ausgesprochene Spezialisten. Eine spektakuläre Serpentinpflanze wächst ganz in der Nähe von San Francisco in Kalifornien, genauer auf dem Tiburon, einem hügeligen Gelände, das über die Golden-Gate-Brücke leicht zu erreichen ist. Eine lockere Vegetation aus Grasland bestimmt das Landschaftsbild, durchsetzt mit Bäumen und Sträuchern, dazwischen liegen Felsblöcke aus Serpentingestein. Und zwischen den Grashalmen steht sie, die Tiburon-Mariposalilie *(Calochortus tiburonensis)*, ein Zwiebelgewächs, das mit den Tulpen nahe verwandt ist. Die cremefarbenen Blüten fallen auf, denn sie sind innen mit verschiedenfarbigen Linien gezeichnet und tragen einen dichten Haarpelz. Der Bestand umfasst nicht mehr als ein paar Dutzend Pflanzen. Erstaunlich, dass dieses auffällige Gewächs erst 1973 entdeckt wurde.

Nun ist es aber nicht so, dass Serpentin in Kalifornien nur auf den Tiburon beschränkt ist. Nein, Stellen mit Serpentingestein sind über das ganze Land verstreut. Die *Calochortus tiburonensis* ist aber offensichtlich eine heikle Pflanzenart, die sich nicht auszubreiten vermag. Hier liegt wohl der Schlüssel für die Seltenheit vieler Pflanzenarten: Sie können sich nicht ausbreiten. Doch warum nicht?

Dafür gibt es zahlreiche Gründe! Ausbreiten bedeutet zunächst das Verstreuen von Samen. Doch damit allein ist es nicht getan. Erst wenn die Samen keimen und die Jungpflanzen heranwachsen, sich erfolgreich im Konkurrenzkampf mit den Nachbarpflanzen behaupten und zur Blüte kommen, besteht eine gute Chance, dass der Fortbestand gesichert ist und die Art sich ausbreiten kann. Aber nur dann, wenn aus den Blüten auch wirklich Früchte mit Samen entstehen. Das ist nicht selbstverständlich, denn der Vorgang bedarf einer erfolgreichen Bestäubung, dem Übertragen von Blütenstaub zwischen den Pflanzen. Das, was ich Ihnen eben kurz geschildert habe, umreißt den Lebenszyklus einer Pflanze, vom auskeimenden Samen bis zur Bildung neuer Samen oder der nächsten Generation. Und bei all diesen Schritten können Hindernisse auftreten, die eine Pflanze zur Rarität machen: niedrige Keimrate, zu wenig bestäubende Insekten, schlechter Fruchtansatz, schwache Konkurrenzfähigkeit der Jungpflanzen, aber auch Pilzbefall oder andere Pflanzenkrankheiten. Eine verallgemeinernde Regel, warum gewisse Pflanzenarten selten sind, existiert nicht. Da heißt es, jeden Fall für sich zu betrachten.

Hinzu kommt noch etwas anderes: Inzucht. Je weniger Pflanzen einer bestimmten Art einen Bestand, eine Population, bilden, desto geringer sind die genetischen Unterschiede zwischen den Pflanzen. Oder anders gesagt: Sie sind näher miteinander verwandt, als sie es in einem Bestand mit sehr vielen Pflanzen wären. Das ist wie bei der Bevölkerung auf kleinen Inseln oder in abgelegenen Bergtälern, wo die Inzuchtrate hoch ist – mit nachteiligen Auswirkungen, weil das Auftreten von Erbkrankheiten dadurch gefördert wird.

Auch bei Pflanzen macht sich Inzucht bemerkbar, die Auswirkungen sind sogar ohne komplizierte genetische Untersuchungen sichtbar. So haben einige Untersuchungen gezeigt, dass der durchschnittliche Fruchtansatz von Pflanzen einer Art umso niedriger ausfällt, je kleiner der Bestand ist. Weniger Samen bedeuten weniger Keimlinge und eine geringere Überlebenschance des Bestands.

Viele Pflanzen- und auch Tierarten sind jedoch erst durch das Eingreifen des Menschen selten geworden. Durch Lebensraumzerstörung und Zerstückelung der Landschaft wurden die Bestände dezimiert, und allzu oft sind Pflanzenarten in bestimmten Regionen gänzlich verschwunden, sie sind lokal ausgestorben. Die meisten Hochmoore etwa wurden von unseren Vorfahren im Laufe der Geschichte entwässert, zu Agrarland umgewandelt oder für den Torfabbau genutzt.

Die meisten der seltenen und selten gemachten Pflanzenarten sind in ihrer Existenz gefährdet und stehen deswegen unter Schutz. In Deutschland umfasst die Rote Liste der gefährdeten und bedrohten Arten fast 250 Pflanzenarten.

4.
Wo das Gras wächst

Ich erinnere mich noch gut an den Biologieunterricht auf dem Gymnasium und an die verzweifelten Bemühungen des armen Biologielehrers, uns Schülerinnen und Schülern für die Gräser zu begeistern. Ist schon Botanik bei den wenigsten Schülern beliebt, sind Gräser das wahre Schreckgespenst. Gräser sehen doch alle gleich aus und sind vollkommen uninteressant. Wer sollte sich schon für solche Pflanzen interessieren?

Dabei ist das Missverhältnis zwischen der Bedeutung der Gräser und der Graskenntnis keineswegs gerechtfertigt. Gräser bestimmen unser tägliches Leben, wie ein Blick in die Küche zeigt: Mais, Reis, Weizen, Roggen und alle anderen Getreide sind verschiedene Gräser, die uns wichtige Grundnahrungsmittel liefern. Gräser bilden sogar die Basis für die Ernährung der Weltbevölkerung, entweder direkt oder indirekt als Futtergräser für Nutztiere, und gehören zu den ältesten Kulturpflanzen der Menschheit. Und Fußball wird auf Rasen gespielt – ohne Gräser also keine Fußball-Weltmeisterschaft!

Ich möchte Sie daher zu einer Erkundungstour durch die Welt der Gräser einladen. Doch zunächst eine Bemerkung zu Gräsern und Grasartigen: Mit Gräsern meine ich hier die Familie der echten Gräser oder Süßgräser. Die Sauergräser oder Seggen sind zwar von ähnlichem Wuchs, gehören jedoch wie die ebenfalls grasartigen Binsen zu einer ganz anderen Familie.

Gräser sind die häufigsten Pflanzen überhaupt. Ganze Landstriche werden von ihnen beherrscht und rund ein Fünftel der Pflanzendecke der Erde besteht aus Gräsern. Sie bilden natürliche Grasländer wie die unendlichen Steppen Zentralasiens, alpine Matten oberhalb der Baumgrenze in den Hochgebirgen, die afrikanischen Savannen mit ihren brusthohen Savannengräsern, die nordamerikanischen Prärien, über die einst riesige Herden von Bisons donnerten, oder die baumlose Tundra im hohen

Norden. Gräser kommen vom Äquator bis zu den Polarkreisen vor und haben sämtliche Lebensräume erobert. Mehr noch: Gräser zählen zu den wenigen Blütenpflanzen, die vom Land wieder den Weg in Richtung Meer fanden und einem hohen Salzgehalt im Boden trotzen. Die Vorfahren aller heutigen Landpflanzen waren Algen, die im Meer lebten. Aus ihnen entwickelten sich Farne und Farnartige, aus denen wiederum die Blütenpflanzen hervorgingen. Sie besiedelten sämtliche Lebensräume des Landes, aber kaum die Meeresküsten. Einige der heutigen Blütenpflanzen trauen sich zwar sehr nahe an die Spritzwasserzone einer Felsküste heran; salzige Gischt und gelegentliche Meerwasserspritzer machen ihnen nichts aus. Aber zeitweise mit Meerwasser umgeben zu sein, das können nicht viele Blütenpflanzen. Zu ihnen gehören etwa der Europäische Queller *(Salicornia europaea)* oder eben Gräser wie das Niedere Schlickgras *(Spartina maritima)*, das im Wattenmeer der Nordsee ausgedehnte Salzwiesen formt und bei Flut mitten im Meer steht.

Nun gibt es freilich noch die Seegräser, die vollkommen untergetaucht im Meer wachsen. Auch wenn sie wie Gräser aussehen, zählen sie botanisch zu ganz anderen Pflanzenfamilien. Ihre Biologie ist aber den Gräsern so ähnlich, dass ich dennoch kurz auf sie eingehen möchte.

Eines der Seegräser ist das Neptungras *(Posidonia oceanica)*, das im Mittelmeer bis zu einer Tiefe von 50 Metern wächst, eine andere das Echte Seegras *(Zostera marina)*. In der Nord- und Ostsee bildet es ganze Seegraswiesen, die für Fische wichtige Laichplätze abgeben, durch Verschmutzung aber leider zurückgehen. Diese beiden grasartigen Pflanzen stellen das botanische Gegenstück zu den Walen dar, die als Säugetiere einst vom Landleben Abschied nahmen und sich zu einem Leben im Meer entschlossen.

Seegras zeigt sich mitunter am Strand durch braune Bälle unterschiedlicher Größe, die von den Wellen angeschwemmt werden. Sie bestehen aus den Fasern der Wurzelstöcke, durch die beständige Wasserbewegung verfilzt und zu Kugeln geformt. Nach einem Sturm können sie massenhaft auftreten. Im 19. Jahr-

hundert wurden sie gesammelt und für medizinische Zwecke verwendet, wie in der «Oeconomischen Encyclopädie» nachzulesen ist: «Er wird in dem mittelländischen Meere häufig gefunden und von Venedig zu uns gebracht, wiewohl er auch in dem Ocean, ja wohl gar in stehenden Wassern anzutreffen ist. Was er sey, und woher er entstehe, darüber sind die Meynungen so verschieden als zweifelhaft. Einige meinen, er sey gemacht, andere, er sey ein geronnener Meerschaum, und wieder andere, er werde in dem Magen eines Fisches aus den Fasern des verzehrten Schilfs erzeugt, welcher letzteren Meynung die mehrsten zugethan sind. Man mißt ihnen einigen arzneylichen Nutzen bey, und deswegen werden sie von den Droguisten und Apothekern geführt; heutiges Tages aber gebraucht man sie wenig mehr.» Es ist der hohe Jodgehalt, der gegen gewisse Hautkrankheiten und gegen Kropfbildung Wirkung zeigte.

Doch zurück zu den echten Gräsern auf dem Land. Ich sprach von ihnen als Blütenpflanzen. Wo aber sind ihre Blüten? Sie sind vorhanden, fallen aber nicht auf, denn Gräser sind hochgradig auf Wind spezialisiert. Farbige Blüten brauchen sie ebenso wenig wie

Nektar oder Blütenduft, weil sie keine Insekten anlocken. Daher scheinen verschiedene Grasarten in einer Wiese auf den ersten Blick so ähnlich. Die Pollenkörner einer Grasblüte fliegen mit dem Wind – sehr zum Leidwesen der Heuschnupfengeplagten – und landen dann auf einer anderen Blüte. Deshalb baumeln die Staubblätter einer Grasblüte an dünnen Fäden in der Luft, sodass die Pollenkörner leicht davongetragen werden können. Die Griffel mit den Narben, also die oberen Teile des Fruchtknotens, auf denen der Pollen kleben bleibt, sind oft antennenförmig verzweigt, um das Auffangen der winzigen Körnchen zu erleichtern. Wie bei allen anderen windbestäubten Pflanzen wird Pollen im Übermaß gebildet, um die Bestäubung zu gewährleisten.

Auch die Bauweise der Halme ist bemerkenswert. Sie sind auf Windfestigkeit und Trittfestigkeit ausgerichtet, zwei Eigenschaften, die für Gräser unabdingbar sind. Wenn der Wind über eine Wiese oder ein Getreidefeld fegt, biegen sich die Halme und geben dem Winddruck nach. Grashalme sind leicht und hohl, eine äußerst stabile Leichtkonstruktion, die elastisch ist und so das Auseinanderbrechen verhindert. In gewissen Abständen ist der Halm mit einem Zwischenboden versehen, dem Knoten. Er äußert sich als Verdickung am Halm und verleiht den Gräsern die Eigenschaft eines Stehaufmännchens: Liegt ein Halm niedergedrückt am Boden, richtet er sich wieder auf. Der Knoten führt eine Wuchskrümmung aus: Die Unterseite wächst, streckt sich und drückt so den Halm wieder in die Senkrechte. Eine unabdingbare Voraussetzung für das Bestehen eines Grases in einer Umgebung, in der starke Winde auftreten und zudem noch große Tiere ständig herumtrampeln. Zu diesen Tieren werde ich gleich kommen.

Weltweit sind rund 8000 verschiedene Grasarten bekannt. Die Familie der Süßgräser ist damit gar nicht sonderlich artenreich, da haben andere Familien weitaus mehr Arten hervorgebracht. Bei den Orchideen etwa sind

Gräser werden vom Wind bestäubt. Daher sind ihre Blüten winzig und unauffällig. Sie sind in filigranen Blütenständen angeordnet.

es 24 500 verschiedene Arten, bei den Korbblütengewächsen, zu denen Margerite und Sonnenblume zählen, sind es 24 000 Arten.

Bei genauerem Hinsehen entpuppen sich Gräser als äußerst vielgestaltig. Betrachten Sie doch einmal verschiedene Gräser in einer Wiese kurz vor dem Schnitt. Das Wiesen-Lieschgras *(Phleum pratense)* hat einen langen und walzenförmigen Blütenstand, die Blüten sitzen ganz eng am Halm. Beim Gewöhnlichen Windhalm *(Apera spica-venti)* hingegen ist der Blütenstand ein filigranes Gebilde mit dünnen, weit ausladenden Zweigen, an denen die Blüten sitzen. Ganz anders ist der Blütenstand bei der Bluthirse *(Digitaria sanguinalis)*, bei der vom Ende des Halmes mehrere Strahlen abstehen, die mit den Blüten besetzt sind.

Das Erkennen und Bestimmen einer Grasart ist freilich eine echte Herausforderung. «Hüte dich vor Gräsern!» Nein, das ist keine Aufforderung, von Gräsern die Finger zu lassen, sondern eine Eselsbrücke: Hüllspelze, Deckspelze und Vorspelze. Das sind die trockenhäutigen Blättchen, die von außen nach innen die Grasblüten umgeben. Sie sind in Form und Größe so unterschiedlich, dass sie wichtige Merkmale für die Bestimmung darstellen. Manchmal tragen sie lange Fortsätze, die Grannen, wie beim Roggen oder beim Echten Federgras *(Stipa pennata)*, wo sie gut und gerne 30 Zentimeter lang werden und dem Gras seine silbrigen Fäden verleihen.

Die Größenunterschiede zwischen verschiedenen Arten sind bei den Gräsern enorm. So wird das Einjährige Rispengras *(Poa annua)* manchmal nur wenige Zentimeter hoch, Bambus hingegen kann so hoch wie ein Baum werden. Bei uns ist das Schilf *(Phragmites australis)* mit seinen kräftigen, vier Meter hoch werdenden Halmen das größte Gras. Eine besondere Spielvariante des Schilfs wächst bei Luckau in Brandenburg und am Dortmund-Ems-Kanal: Diese Pflanzen werden sage und schreibe zehn Meter hoch und ihre Halme erreichen einen Durchmesser von zwei Zentimetern. Es handelt sich möglicherweise um Pflanzen, die aus dem Mittelmeerraum eingeführt wurden und sich hier lokal ausbreiten konnten.

Ein Gras funktioniert in vielerlei Hinsicht anders als die Gartenblumen in den Beeten am Rande eines Rasens. Das tadellose Erscheinungsbild eines Rasens verrät bereits sehr viel über die Biologie der Gräser, denn nur ihrer schier unermüdlichen Lebenslust ist es zuzuschreiben, dass sie immer und immer wieder austreiben, sobald der lärmende Rasenmäher über sie hinweggerattert ist. Warum eigentlich machen die Gräser das grausame Spiel des ewigen Mähens mit? Warum wachsen sie stets neu heran? Fast könnte man meinen, diese Gräser haben sich in ihrer Evolution an den Rasenmäher angepasst, denn ihre Knospen liegen dicht am Boden, sodass sie von den Schneidblättern nicht erfasst werden. Neue Blätter sprießen rasch nach, und angeschnittene Blätter wachsen von unten her einfach weiter. Das Schneiden aktiviert die Knospen und regt das Blattschieben an, und damit kompensiert die Graspflanze den Verlust – unermüdlich und stetig.

Freilich hat die Wuchskraft nichts mit dem Rasenmäher zu tun, sondern hat sich auf natürliche Art und Weise entwickelt. Der Rasenmäher macht schließlich nichts anderes als eine Kuh oder ein anderes grasfressendes Tier, das sich von den Halmen und den Blättern ernährt. Fraßresistenz zeichnet diese Gräser aus, genauso wie die Gräser auf den Weiden und in natürlichen Grasländern wie Savannen und Prärien. Im Laufe der Evolution haben sie sich an das ständige Gefressenwerden angepasst. Natürlich haben sich die Grasfresser ihrerseits an ihre Futterpflanzen angepasst. So ist der komplizierte Verdauungstrakt eines Wiederkäuers wie der Kuh eine hocheffiziente Maschinerie, um das nicht gerade nährstoffreiche Gras verwerten zu können.

Gräser entstanden in der Geschichte des Lebens ziemlich spät und sind daher eine moderne Entwicklung. Die ersten Grasarten traten vor etwa 60 Millionen Jahren auf – viel später als die ersten Blütenpflanzen, die bereits vor 150 Millionen Jahren ihre Blüten öffneten. Und einen eigentlichen Grasboom gab es vor etwa acht Millionen Jahren, als sich beinahe explosionsartig – erdgeschichtlich gesehen – Grasländer ausbreiteten, die seither zum Antlitz der Erde gehören. Man rätselt noch, was diese rasche

Ausbreitung beflügelt haben könnte. Die Wissenschaftler sind sich aber einig, dass ein zunehmend trockeneres Klima die vorherrschenden Wälder zurückdrängte und den Gräsern Platz machte, unter Mitwirkung eines Naturphänomens, das bisher eine untergeordnete Rolle spielte: Feuer. Buschfeuer nahmen zu, denn Gräser bilden trockene und leicht entzündliche Biomasse. Buschfeuer verhindern aber das Aufkommen junger Bäume und fördern die Gräser, so kann sich das Grasmeer ausdehnen. David Beerling, der sich mit Vegetationsveränderungen der jüngeren Erdgeschichte beschäftigt, schreibt in seinem Buch «The Emerald Planet»: «Das Ausdehnen von Grasland vor Millionen von Jahren kann als ein Wechsel der Erde zu einem brennbaren Planeten betrachtet werden.»

Hinzu kommt, dass die Gräser in heißen Gegenden zu echten Turbo-Pflanzen geworden sind, denn sie entwickelten ein hocheffizientes System der Photosynthese, das rasches Wachstum und somit auch ein Durchsetzungsvermögen gegenüber anderen Pflanzen ermöglichte. Diese Gräser nutzen ein anderes Enzym, um die Kohlendioxidmoleküle einzufangen und in organische Verbindungen umzuwandeln, als die meisten anderen Blütenpflanzen – ein Enzym, das CO_2 viel schneller aus der Luft aufnehmen kann. Das verleiht Gräsern in heißen Gegenden ein rasches Wachstum und damit einen riesigen Vorteil.

Die sich ausdehnenden Grasländer hatten natürlich Folgen für die Tierwelt. Bei den pflanzenfressenden Säugetieren entstanden viele neue Arten, vor allem große Tierarten, die in Herden leben: Antilopen, Gnus, Zebras und wie sie alle heißen. In einer Landschaft, die nur von einem niedrigen Bewuchs bedeckt ist, kann man sich nicht so gut verstecken wie in einem Wald; da ist es von Vorteil, sich zusammenzutun und sich so gegen Raubtiere zu schützen. Die Raubtiere aber passten sich ebenfalls an. Sie wurden zu starken, gewandten und schnellen Jägern wie Löwen oder Hyänen.

So wäre die eindrucksvolle Tierwelt, die jeder Tourist auf einer Safari durch die afrikanische Savanne zu Gesicht bekommt, ohne Gräser wohl kaum entstanden.

WACHSTUM

5.
Am Limit

Als Lebewesen ohne Kreislaufsystem benötigen Pflanzen ein anderes Prinzip, um Wasser und Mineralsalze vom Boden aufzunehmen und in der Pflanze zu verteilen, bis in die obersten Spitzen. Umgekehrt muss der Zucker, der in den Blättern hergestellt wird, zu den Orten des Verbrauchs und der Speicherung wie den Wurzeln gebracht werden. Pflanzen besitzen zwei Transportsysteme, die in Form langer dünner Leitungen die ganze Pflanze durchziehen und in den sogenannten Leitbündeln nebeneinanderliegen. Den Transport organischer Verbindungen wie Zucker von oben nach unten übernehmen besondere Zellen dieser Leitbündel, der Vorgang verbraucht Energie.

Für den Transport von Wasser und den gelösten Nährstoffen von den Wurzeln zu den Blättern stehen durchgehende Röhren zur Verfügung, und treibende Kraft ist hier Wasserverdunstung. Pflanzen sind perfekte Sauger. Mit den Wurzeln saugen sie Wasser aus dem Boden, das durch die Pflanze nach oben fließt und schließlich zum größten Teil über die Blätter verdunstet. Dies geschieht durch winzige Poren, die sich auf der Blattunterseite befinden und mit den Poren unserer Haut vergleichbar sind. Botaniker sprechen aber nicht von Poren, sondern von Spaltöffnungen. Ihre Anzahl ist schier unermesslich, bei der Roteiche etwa kommen auf jeden Quadratmillimeter Blattfläche über 500 Spaltöffnungen. Auch die Nadeln von Koniferen besitzen solche Spaltöffnungen. Diese Öffnungen kann eine Pflanze bei Bedarf wie ein Ventil schließen. Wenn sie offen sind, verdunstet Wasser aus den Blättern, und dadurch entsteht ein Sog, der sich bis in die Wurzelhaare fortsetzt und so dem Boden das Wasser entzieht. Dieser Wasserstrom ist eine Einbahnstraße von unten nach oben. Der österreichische Pflanzenphysiologe Joseph Böhm (1831–1893) hätte es nicht treffender formulieren können: «An den verdunstenden Blattzellen hängen kontinuierliche Wasserfäden, die mit dem Bodenwasser in Verbindung stehen.»

Das Verdunsten von Wasser über die Blätter – Transpiration genannt – ist ein fundamentaler Lebensvorgang in einer Pflanze und für den Rest der Welt von allergrößter Bedeutung. Wolkenbildung, Klima, Regen und eine kühle Waldluft an einem heißen Sommertag, all dies hängt eng mit dem Vorgang der Transpiration zusammen. Nirgendwo zeigt sich das deutlicher als in einem Regenwald am Äquator, wo die Transpiration zu einem täglichen Schauspiel führt: Zur Mittagszeit, wenn die Sonne senkrecht steht und die feuchte Luft aufheizt, steigt diese auf, kühlt sich dabei ab, und bald prasselt ein tropischer Regen auf das Blätterdach. Dieses Verdunsten, Aufsteigen der mit Wasserdampf gesättigten Luft, Abkühlen und Ausregnen wiederholt sich 365 Tage im Jahr, jahraus und jahrein.

Ein klassischer und einfacher Versuch aus der Pflanzenphysiologie macht die Transpiration sichtbar. Nehmen Sie eine weiß blühende Tulpe, stellen Sie sie in eine Vase und versehen das Wasser mit einem Spritzer roter Tinte. Dann heißt es warten und sich in Geduld üben; Pflanzen zeichnen sich eben nicht durch Schnelligkeit aus. Langsam zieht das gefärbte Wasser in den Stängel, steigt weiter zu den Blättern und schließlich zu den Blütenblättern. Feine rote Striche entstehen am Grund der Blütenblätter, werden länger, ziehen sich allmählich über die gesamte Fläche. Sie verraten, dass es da feine Äderchen gibt, die Gefäße des pflanzlichen Wassertransportes. Sie können den Versuch in verschiedenen Varianten durchspielen – einmal stellen Sie die Tulpe an einen feuchten und windstillen Ort, oder Sie fächeln ihr zu und machen ordentlich Wind. Sie werden erstaunt sein, welch einen Einfluss das auf die Zeit hat, die nötig ist, bis die rote Tinte die Blüte erreicht hat! Damit haben Sie etwas ganz Wesentliches kennengelernt: Die Transpiration hängt von den Außenfaktoren ab.

Eine gut funktionierende Transpiration ist für jede Pflanze lebensnotwendig. Aber Transpiration bedeutet auch Wasserverlust, und das kann in trockenen Gebieten zu einem echten Problem werden. Hier steht die Pflanze vor einem scheinbar unlösbaren Dilemma: Um nicht zu viel Wasser zu verlieren, sollten die Spaltöffnungen geschlossen sein. Dann aber kann kein Gasaustausch stattfinden, kein Kohlendioxid aufgenommen und auch kein Sauerstoff abgegeben werden. Zucker kann nicht gebildet werden und das Wachstum kommt zum Erliegen. Die Doppelfunktion der Blattporen, Wasserverdunstung und Gasaustausch, macht so mancher Pflanze das Leben schwer. Viele Wüstenpflanzen schützen ihre Blattporen vor übermäßiger Transpiration durch ein dichtes Haarkleid oder bilden nur kleine Blätter.

Ein Verdunstungsproblem mit umgekehrtem Vorzeichen haben Pflanzen, die in sehr feuchter Umgebung leben, beispielsweise in immerfeuchten Regenwäldern. Sie kennen das Problem: Der Trockenraum ist feucht oder draußen herrscht wieder einmal Waschküchen-Wetter und Ihre Wäsche trocknet nur sehr langsam. Genauso funktioniert die Transpiration bei hoher Luftfeuchtigkeit nur ungenügend. Viele Pflanzenarten der Tropen greifen hier zu einem aktiven und energieverzehrenden Mechanismus: Sie pumpen Wasser aus den Blättern und lassen es zu Boden tropfen. Guttationsspitzen nennen Botaniker das spitze Ende an den Blättern dieser Gewächse, an denen es ständig tropft. Besondere Zellen in den Spitzen agieren als Wasserdrüsen, die aktiv Wasser ausscheiden.

Nun ist klar, dass eine gewisse Kraft erforderlich ist, um Wasser von den Wurzeln durch die Gefäße nach oben zu den Blättern zu bringen. Stellen Sie sich einmal vor, der Trinkhalm, mit dem Sie genüsslich an einem heißen Sommertag einen Eistee zu sich nehmen, würde immer länger werden, mehrere Meter

lang. Sie hätten bald einmal die größte Mühe, das kühle Getränk in Ihren Mund zu bekommen, und müssten sich gewaltig anstrengen. Ab einer gewissen Länge des Trinkhalmes wäre Ihre Saugkraft zu gering, da ließe sich nichts mehr machen. Die Eisteesäule im Halm wird zu schwer.

Genau dasselbe Problem haben Pflanzen, die hoch in den Himmel ragen. Die Wasserrohre sind zwar dünne Kapillaren, in denen das Wasser leichter aufsteigt, aber es liegt auf der Hand, dass es einen Grenzwert gibt. Wie verhält es sich aber mit den höchsten Bäumen der Erde, den Küsten-Mammutbäumen? Ich habe in Kapitel 2 ja erwähnt, dass der höchste Baum der Welt 115 Meter hoch ist. Wie gut verläuft da die Transpiration?

Genau diese Frage stellte sich George Koch von der Northern Arizona University in Flagstaff, USA. Der Forstwissenschaftler und seine Mitarbeiter untersuchten die höchsten Pflanzen der Welt und wollten wissen, wie gut der Wassertransport bei ihnen funktioniert. Dazu mussten sie den Bäumen den Puls fühlen. Also hangelten sich die Forscher mit Seilen und Kletterausrüstung in den obersten Kronenbereich der Bäume empor. Sie schossen zunächst einmal mit Pfeil und Bogen eine dünne Schnur um einen der untersten Äste, um dann ein Kletterseil darüberzuziehen. Sie errichteten in schwindelerregender Höhe Arbeitsplattformen, die eher einem Biwak eines Bergsteigers gleichen. Sie hiev-

Der Kölner Dom ist mit 157,4 Metern Höhe das zweithöchste Kirchengebäude Europas. Der höchste Baum der Erde – ein Küsten-Mammutbaum – reicht mit seinen 115,6 Metern Höhe bis zum Schrägdach.

ten teures Messgerät nach oben und ein langes Messband, mit deren Hilfe sie die genaue Höhe an den Punkten bestimmen konnten, an denen sie ihre Untersuchungen durchführten.

In 100 Metern Höhe und mehr sammelten die Forscher Proben von Zweigen und steckten sie für spätere Laboruntersuchungen in Plastiktüten. Sie klemmten kurze Zweigstücke in eine Probekammer ein, die sich luftdicht verschließen ließ und mit Schläuchen an ein Photosynthesemessgerät angeschlossen war. Das Gerät misst die Änderung der Konzentration an Kohlendioxid in der Kammer, woraus sich die Rate der Photosynthese berechnen lässt. Die Biologen erfassten die Wasserverdunstung über die Nadeln und den Wasserstrom in den Bäumen. Das alles taten sie nicht nur in der obersten Spitze eines Baumes, sondern im gesamten Kronenbereich, von den untersten bis zu den obersten Ästen.

Nun sind das alles ganz normale pflanzenphysiologische Messungen, wie sie auch in der Pflanzenzüchtung zum Einsatz kommen. Aber in der Baumkrone eines so hohen Baumes sind sie eine Herausforderung. Sicherheit hat Vorrang. Jeder, der in den Bäumen arbeitet, ist angeseilt. Geräte, Rucksäcke, Taschen für die Proben, alles wird gesichert.

«Ich habe nicht das Gefühl, dass meine Arbeit in den Bäumen gefährlich ist», meinte Koch auf meine entsprechende Frage. «Ich achte natürlich sehr darauf, wie ich meine Kletterausrüstung und den Baum benutze.» Während seiner langjährigen Tätigkeit ist noch nie etwas passiert. Was das für ein Gefühl sei, an der Spitze eines solchen Baumes zu sein? «Es ist ein wunderbares Gefühl. Eine Mischung aus Bewunderung und Respekt gegenüber den Bäumen. Die körperlich herausfordernde Arbeit und die Gelegenheit, etwas Neues über die Lebensweise dieser Bäume zu lernen, gibt einem große Befriedigung», meinte er.

Der Aufwand habe sich gelohnt, denn die Resultate sind mehr als verblüffend. Die Forscher stellten fest, dass die obersten Zweige und Nadeln gleichsam an einem Wasserkoller leiden, so, wie Sie einen Höhenkoller bekommen können, wenn Sie in große Höhen aufsteigen und zu wenig Sauerstoff bekommen.

Akuter Wassermangel herrscht in der Spitze eines stolzen Küsten-Mammutbaumes, und dies, obwohl die Bäume in einer feuchten, nebelverhangenen Gegend wachsen. Die Zufuhr des lebensnotwendigen Nass ist gedrosselt, der Transpirationssog reicht nicht mehr aus. Wenn Wasser fehlt, gibt es auch zu wenig Nährsalze und die Photosynthese funktioniert nicht mehr richtig. Das Wachstum ist gehemmt.

Das zeigte sich den Besuchern in den Baumkronen ganz unmittelbar. Die Nadeln in den obersten Zweigen sind nämlich kümmerlich klein. Eigentlich sind es gar keine richtigen Nadeln mehr, sondern ein paar wenige Millimeter lange schuppenförmige Gebilde. Sie sind mit den drei Zentimeter langen gesunden Nadeln der unteren Stockwerke ein paar Dutzend Meter tiefer nicht zu vergleichen. Es ist sogar so, dass die Größe der Nadeln in der Baumkrone kontinuierlich abnimmt, von den untersten Ästen bis zur Spitze, ebenso die Photosynthese. In 110 Meter Höhe betrug sie nur noch 16 Prozent des Wertes, den Koch in 50 Meter Höhe gemessen hat.

Ganz offensichtlich stößt der Baum hier an seine Grenzen. Die Wasserversorgung ist nicht mehr ausreichend, um normales Wachstum zu gewährleisten. Es droht auch die Gefahr, dass der Wasserfaden in den Leitungsbahnen abreißt und zu pflanzlichen Embolien führt – zu Luftblasen in den Wasserröhren, die den Fluss behindern. Weil die Photosynthese nicht mehr richtig funktioniert, können sich die Zellen der neu gewachsenen Nadeln nicht strecken, und deshalb bleiben die Zweige in dieser Höhe beschuppt. Alles deutet darauf hin, dass die Spitze eines Küsten-Mammutbaumes an Trockenstress leidet. Da nützt auch der Nebel nichts, denn das bisschen Wasser, das ein Küsten-Mammutbaum von den Nebeltröpfchen aufnimmt, reicht nicht zum Leben.

Das wirft die Frage auf, wie hoch denn Bäume überhaupt werden können. Und zwar aufgrund ihrer Physiologie und ihrer Wuchsleistung, ohne begrenzende Faktoren wie Wind oder Schnee. Eine Studie hat theoretische Überlegungen dazu angestellt, und die Autoren berechneten die maximale Höhe, die ein Küsten-Mammutbaum aufgrund der Transpiration und anderer physiologischer Eigenschaften erreichen könnte. Die berechneten Höhen liegen zwischen 122 und 130 Meter, das ist eine erstaunlich geringe Abweichung gegenüber den 115 Metern, die dieser Baum erreicht.

Somit steht fest: Die Evolution hat bei der Baumhöhe ihr Limit erreicht. Höher geht es nicht. Nicht mit der herkömmlichen Konstruktion. Einen Stützapparat aus Holz von 200 Meter Höhe oder mehr zu bauen wäre vielleicht nicht das Problem, aber die enorme Kraft, die nötig wäre, um Wasser mittels Verdunstung nach oben zu bringen, begrenzt pflanzliche Höhenträume. Wollten Bäume höher hinaus, müssten sie ein anderes Prinzip des Wassertransportes entwickeln. Das Wasser müsste von den Wurzeln her hochgedrückt werden, was aber einen erheblichen Energieaufwand erfordern würde.

6.
Die größte pflanzliche Zelle der Welt

Hatten Sie schon einmal Gelegenheit, einzelne lebende Zellen zu sehen oder gar in ihr geheimnisvolles Inneres hineinzuschauen? Die meisten Zellen sind zwar mikroskopisch klein, doch mit einer guten Lupe lassen sich gewisse Pflanzenzellen erkennen. Eine Lupe ist überhaupt etwas Wunderbares und erschließt dem Benutzer eine gänzlich neue Welt. Schauen Sie einmal statt in den Fernseher durch eine Lupe – die Mikrowelt bietet Unterhaltung pur! Um Zellen zu sehen, können Sie folgendermaßen vorgehen: Schneiden Sie eine Küchenzwiebel auf und lösen Sie die Schalen voneinander. Dabei werden Sie sicher das durchsichtige Häutchen bemerken, das sich so leicht von der Innenseite einer Zwiebelschale abziehen lässt. Dieses Häutchen ist genau eine Zelle dick. Nehmen Sie ein Stückchen, befeuchten und kleben es an eine Fensterscheibe. Wenn Sie jetzt mit Ihrer Lupe das

Präparat betrachten, erkennen Sie deutlich die Umrisse der Zellen, der kleinen Bauklötzchen aller mehrzelligen Lebewesen. In der Zwiebel sind sie langgezogen und reihen sich wie Ziegelsteine aneinander. Deutlich sind die Zellwände zu erkennen.

Auch Moosblättchen eignen sich für den Versuch, am besten eines dieser Moose, das an feuchten Stellen im Wald wächst und kleine rundliche Blättchen trägt. Das Moosblatt besteht ebenfalls aus einer einzigen Zellschicht, und Sie werden sehen, dass die Zellen an der Spitze kleiner sind als im unteren Bereich des Blättchens. Fast mit bloßem Auge erkennbar sind hingegen die großen Zellen des Glänzenden Flügelblattmooses *(Hookeria lucens).*

Während Sie einen solchen Zellverband bestaunen, läuft in jeder einzelnen Zelle ein biochemisches Spektakel ab. Der Zellkern, Hüter der DNA und Chef des Hauses, lässt durch seine Kernmembran Kopien bestimmter Gene hindurch, die im Zellplasma weiterverarbeitet werden. Das Zellplasma oder Zytoplasma ist ein dicker Sirup, indem nicht nur der Kern trudelt, sondern weitere Zellorganellen mit ganz unterschiedlichen Funktionen. Enzyme sind pausenlos im Einsatz, Proteinmaschinen, die Moleküle aufbauen oder zerlegen. Unzählige biochemische Reaktionen laufen gleichzeitig ab, ein wildes Durcheinander von Abbau und Aufbau, Verlagerung und Umlagerung. Zudem besteht ein enger Kontakt zu den Nachbarzellen, Stoffe werden weitergereicht oder entgegengenommen. Trotz dieser Komplexität funktioniert das Ganze perfekt und erlaubt dem Organismus zu leben.

Und was solche Zellverbände alles aushalten! Gerade die Moose sind diesbezüglich erstaunliche Geschöpfe. Moose auf einer sonnigen Mauer etwa. Bei nasser Witterung fühlen sich die Moospflanzen wohl, sehen frisch aus und wachsen. Bei Trockenheit und bei praller Sonne trocknen sie ein, aber sie nehmen dabei keinen Schaden, sie fallen lediglich in einen Scheintod. Beim nächsten Regenguss erwachen sie wieder und kurbeln ihre Lebensvorgänge wieder an. Eine beachtliche Fähigkeit einer zarten Pflanze, deren Blätter gerade einmal eine Zelle dick sind.

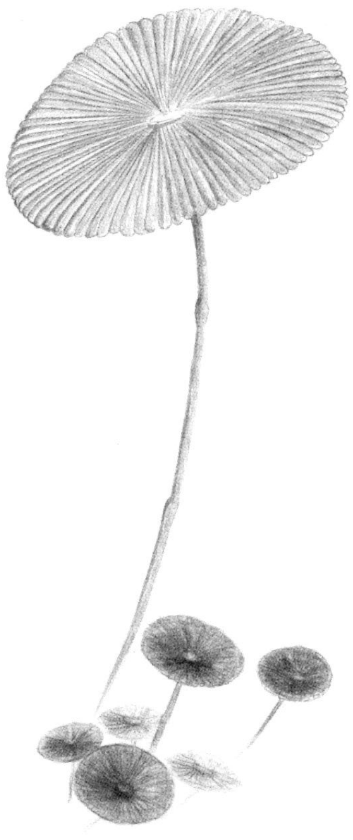

Die größte pflanzliche Zelle der Welt aber ist so groß, dass es nicht einmal eine Lupe braucht, um sie zu sehen. Sie können Sie sogar anfassen und zwischen Ihren Fingern halten, Sie können sie zusammendrücken oder biegen. Sie offenbart sich als eine zierliche Alge, die wie ein Pilz aussieht und mehrere Zentimeter hoch wird. Ein langer Stiel trägt einen schirmförmigen Hut, daher gehört sie zu den Schirmalgen *(Acetabularia)*. Der breite und flache Schirm hat etliche Rippen, die sich strahlenförmig von der Mitte bis an den Rand erstrecken, wie bei einem Sonnenschirm, und wegen dieses Schirms wird die Alge auch Meerjungfrau-Weinglas genannt. Das untere Ende des Stieles teilt sich in wurzelförmige Fortsätze, mit denen sich die Alge auf Steinen oder in Felsritzen festhält. Die wenigen Arten der Schirmalgen wachsen vor allem in tropischen und subtropischen Meeren in Küstennähe, doch eine Art *(Acetabularia acetabulum)* lebt auf Felsen und Steinen im Mittelmeer. Sie kann bis zu acht Zentimeter hoch werden.

Man kann es sich kaum vorstellen, aber solch eine Schirmalge ist ein Einzeller, sie besteht wirklich nur aus einer einzigen Zelle. Der Stiel ist ein Teil der Zelle, der Schirm ein anderer, ebenso der Fuß mit den Ausstülpungen. Die Zelle ist von fester Beschaffenheit; das muss sie auch sein, soll sie dem Wellenschlag trotzen. Der Zellkern liegt im unteren Bereich des Stiels, knapp über dem Fuß. Eine Schirmalge stellt eine in höchstem Grad differenzierte Einzelzelle dar, die sich selbst strukturiert, umbaut, wächst und dazu noch vermehrt.

Der Organismus ist eine einzige Herausforderung für das Verständnis des Lebens: Wie ist es möglich, dass solch eine riesige Zelle existieren kann? Wie organisiert sie ihr Leben? Wie wächst eine Schirmalge – ohne aus einer Vielzahl von Zellen zu bestehen? Bei einem heranwachsenden Mehrzeller ist das viel einfacher: Die Zellen teilen sich, werden immer mehr und übernehmen verschiedene Aufgaben. Das Gewebe wird größer, nimmt Form an und wird zu einer Wurzel oder einem Blatt. Eine einzelne Riesenzelle aber muss alles aus sich selbst heraus bilden, vergleichbar mit einem Luftballon, der während des Aufblasens zwei Ohren und eine lange Nase bekommt. Dem muss ein besonderer Mechanismus in der Zelle zugrunde liegen, der den Aufbau steuert, der dafür sorgt, dass sich an ihrem Fuß Verankerungsfortsätze und am oberen Ende der Schirm bilden.

Ganz abgesehen von den übrigen Lebensfunktionen wie der Aufnahme von Wasser und Nährstoffen, dem internen Transport des

Die Schirmalge ist die größte pflanzliche Einzelzelle. Sie lebt im Mittelmeer in Küstennähe.

Zuckers, den die Alge bildet, und der Abgabe der Abfallprodukte des Stoffwechsels. Und dann steht auch noch der Vorgang der Vermehrung an.

Am besten lernen Sie das Besondere der Alge kennen, wenn ich Ihnen den Lebenszyklus beschreibe, den Werdegang von der befruchteten Geschlechtszelle bis zur Freisetzung neuer Geschlechtszellen. Wie jedes andere Lebewesen auch beginnt die Existenz der Schirmalge mit einem Befruchtungsvorgang. Bei den Schirmalgen gibt es aber weder weibliche Eizellen noch männliche Spermazellen. Die mikroskopisch kleinen Geschlechtszellen sind alle gleich gestaltet und schwimmen frei im Meer herum. Finden zwei beliebige Geschlechtszellen zueinander, paaren und vereinigen sie sich. Die nun befruchtete Zelle sucht sich einen Platz im steinigen Untergrund, wird sesshaft und beginnt zu wachsen. Wurzelartige Fortsätze entspringen der Zelle, die sich in kleine Ritzen drängen und der Pflanze Halt geben. Der Stiel wächst, und in regelmäßigen Abständen entsteht ein Kranz von haarförmigen Strahlen, die sich erst noch verzweigen. In den Haaren befindet sich das Blattgrün, um Sonnenlicht einzufangen. All diese Vorgänge spielen sich wohlgemerkt in einer einzelnen Zelle ab. Wachsen bedeutet hier, dass die Zelle die Aufbaustoffe herstellt und dort einbaut, wo sie gebraucht werden. Morphogenese wird dieser Vorgang genannt, was so viel bedeutet wie Formerzeugung.

Der Schirm bildet sich erst, wenn die Zeit gekommen ist, sich zu vermehren. Er ist gleichsam die Blüte der Alge und er läutet den sonderbarsten Vorgang im Leben einer Schirmalge ein, die Bildung der winzigen Geschlechtszellen. Hier tut sich wahrhaft Erstaunliches in der Zelle. Zunächst teilt sich der große Zellkern in zwei kleinere Kerne, von denen jeder den gesamten Chromosomensatz enthält. Beide Kerne teilen sich weiter, immer und immer wieder. Die DNA wird kopiert, auf die neuen Kerne verteilt, und dieser Vorgang wiederholt sich viele Male. Die dabei entstehenden Kerne werden immer kleiner. Schließlich versammeln sich mehrere Tausend Minikerne im unteren Teil des Stiels.

Und dann fahren sie in einem molekularen Lift nach oben, durch den gesamten Stiel hindurch bis zum Schirm, wo sie sich in dessen Strahlen begeben. Mittels einiger weiterer Umgestaltungen werden die Kerne in eine Hülle verpackt und als Geschlechtszellen freigelassen. Der Lebenszyklus dieses gigantischen Einzellers ist abgeschlossen, er dauert ein bis zwei Jahre.

Ein solcher Organismus stellt für die Entwicklungsbiologie ein ideales Forschungsobjekt dar. Entwicklungsbiologen interessieren sich dafür, wie aus einer befruchteten Eizelle ein ganzes Lebewesen entsteht, wie die Differenzierung vor sich geht und wie sie gesteuert wird. Entwicklungsbiologen sind ausgesprochene Experimentierer, die ihr System durch gezieltes Stören kennenlernen, durch Manipulationen. Sie beschädigen ihren Organismus und schauen zu, was er nun macht. Und bei welchem Organismus sonst kann man mit solcher Leichtigkeit eine einzelne Zelle auseinanderschneiden wie bei der Schirmalge? Diese Alge schreit geradezu nach Experimenten! Was passiert wohl, wenn der Zellkern mit einer Nadel entfernt wird? Kann die Zelle überhaupt weiterleben? Oder wenn der Schirm gekappt wird: Bildet sich dann ein neuer?

Ein Pionier solcher Arbeiten war der deutsche Botaniker und Pflanzenphysiologe Joachim Hämmerling (1901–1980). In den dreißiger Jahren untersuchte er die Alge in seinem Labor eingehend und führte zahlreiche Versuche durch. Ihn interessierte vor allem das Zusammenwirken von Zellkern und dem Rest der Zelle. Wie veranlasst der Zellkern, dass sich am oberen Ende der Zelle ein kleines Schirmchen formt? Und wie geschieht die Umformung generell?

Seine Ergebnisse verblüfften und zeigten der Wissenschaft viel über die Funktionsweise einer Zelle. Entfernte Hämmerling den Zellkern einer jungen Schirmalge, brachen die Lebensfunktionen nicht zusammen und die Alge verfaulte nicht – im Gegenteil. Eine entkernte Schirmalge blieb viel länger am Leben als eine normale, allerdings machte sie auch nichts mehr: keine Differenzierung, keine Bildung eines Schirmes und von Geschlechtszellen mehr. Sie verharrte einfach in ihrem momentanen Entwicklungsstadium. Es braucht also den Kern für ein normales Leben. Schnitt Hämmerling die Alge oberhalb des Fußes entzwei, sodass der Kern noch im unteren Teil verblieb, konnte dieser sich regenerieren und wieder zu einer normalen Schirmalge nachwachsen. Ein herausgeschnittenes Stück des Stieles ohne Kern blieb zwar am Leben, regenerierte sich aber nicht. Hier fehlte offenbar etwas. Wurde das obere Ende einer Alge abgetrennt, die noch keinen Schirm entwickelt hatte, wuchs aus dem Stück prompt ein Schirm, aber kein Fuß. Das war vielleicht das bemerkenswerteste Ergebnis, denn das muss man sich einmal vorstellen: Die Spitze ist fähig, die komplizierte Umformung durchzuführen und den komplex gebauten Schirm zu bilden, und das ohne Anwesenheit eines Zellkerns. Das obere Ende der Riesenzelle ist also zu einem gewissen Teil autonom, sie trägt die Informationen der Schirmherstellung in sich.

Hämmerling postulierte die Existenz von sogenannten morphogenetischen Substanzen, die in unterschiedlicher Menge in den verschiedenen Abschnitten einer Schirmalge vorhanden sein müssten. Spätere Forschungen ergaben, dass diese Substanzen Arbeitskopien der DNA sind, die den Kern verlassen und in einer Zelle die Synthese von Eiweißstoffen ermöglichen.

Nun hat sich *Acetabularia acetabulum* aber keinesfalls zu einem beliebten Laborpflänzchen gemausert, wie man aufgrund der Arbeiten von Hämmerling meinen könnte. Nicht in dem Ausmaß wie *Drosophila melanogaster*, die Taufliege, das gerade einmal zwei Millimeter groß werdende Steckenpferd der Genetiker und Entwicklungsbiologen.

Ist die Alge so unbeliebt? Nein, sie ist lediglich ungeeignet. Ob Labortierchen oder Laborpflänzchen – damit sie vernünftig erforscht werden können, müssen sich die Organismen leicht vermehren lassen. Die Generationszeit sollte kurz sein, damit ein Wissenschaftler in seinem kurzen Forscherleben nicht lange auf eine neue Generation warten muss. Bei der anspruchslosen Taufliege ist das kein Problem, sie ist leicht zu halten und vermehrt sich rasant. Die Schirmalge aber lässt sich nicht einsperren, sich nicht gleichsam in einem Käfig halten. Das Kultivieren und Vermehren dieser marinen Alge ist einfach zu schwierig, um für die Forschung einen attraktiven Modellorganismus abzugeben. Hämmerling und andere hatten zwar mit ihr experimentiert, aber richtig vermehren konnten sie sie nicht.

Dennoch, die Schirmalge hat den Zellbiologen viel über die Funktionsweise einer Zelle gezeigt und grundsätzliche Prozesse offenbart. Sie hat gezeigt, welche Rolle ein Zellkern besitzt und wie der Kern die Vorgänge in der Zelle steuert.

Lassen Sie mich mit einem Satz aus einer Fachzeitschrift enden. Wissenschaftliche Fachartikel zeichnen sich durch eine nüchterne, klare und sachliche Sprache aus, da haben Worte wie Schönheit oder andere Emotionen auslösende Attribute keinen Platz. Umso erstaunlicher ist es, dass ein wissenschaftlicher Artikel aus dem Jahr 2000 zur Morphogenese der Schirmalge mit dem Satz beginnt: «Beim ersten Anblick erweckt die komplexe Morphologie des Meerjungfrau-Weinglases Ehrfurcht vor ihrer Schönheit, um gleich in Ungläubigkeit zu münden: Wie kann das nur eine einzelne Zelle sein?»

7. Und sie bewegen sich doch

Das Drüsige Springkraut *(Impatiens glandulifera)* ist eine imposante Erscheinung. Mit einem Stängel, der gut und gerne zweieinhalb Meter hoch und fünf Zentimeter dick wird, ist sie eine der größten einjährigen Pflanzen in unserer Flora. Wegen ihrer violetten und intensiv riechenden Blüten wurde die «Bauernorchidee» schon immer in Gärten gepflanzt. Sie stammt ursprünglich aus dem Himalaya, hat sich in Mitteleuropa aber so stark ausgebreitet, dass sie an manchen Stellen als Unkraut gilt und ausgerissen wird.

Die Früchte der Pflanze sind hoch empfindlich. Bei der leisesten Berührung platzen sie mit einem hörbaren Knall auf, schleudern ihre schwarzen Samen mehrere Meter weit in die Umgebung, man hört, wie die Samen auf Blättern aufschlagen. Da bewegt sich etwas, da sind Dynamik und Action am Werk.

Doch das Aufplatzen der Frucht des Springkrautes ist eine passive Angelegenheit, die lediglich den Gesetzen der Physik folgt. Die Frucht steht unter Spannung, und wenn sie angetippt wird, reißt sie an dünnen, bereits vorgebildeten Nähten auf. Dabei rollen sich die Fruchtklappen blitzschnell ein, so, wie eine gespannte Feder sich zusammenzieht, wenn sie losgelassen wird. Die Samen bekommen Schub und fliegen über sechs Meter weit durch die Luft.

Das Springkraut rollt seine Fruchtklappen nicht aktiv ein wie ein Schmetterling seinen Saugrüssel, und der Vorgang ist nicht reversibel, also nicht umkehrbar. Im Gegensatz zum Schmetterling kann das Springkraut seine Fruchtklappen nicht wieder strecken. Können sich Pflanzen überhaupt reversibel bewegen, so wie Tiere? Und können sie sich aktiv, also unter Aufwendung von Energie, bewegen?

Sie können beides und weitaus öfter, als man es ihnen zutrauen würde. Die Bewegungsmechanismen – die Muskeln der Pflanze – sind allerdings sehr unterschiedlich. Es sind drei Mechanismen, die zum Tragen kommen und die ich anhand einiger Beispiele vorführen möchte: Bewegung durch Wachstum, Bewegung durch Druckänderung und Bewegung durch Änderung der Feuchtigkeit.

Ein pflanzlicher Bewegungsvorgang ist Ihnen bestens vertraut, nämlich das tägliche Öffnen und Schließen der Blüten bestimmter Pflanzen. Zum Beispiel beim Winterling *(Eranthis hyemalis)*, einem niedrigen gelb blühenden Hahnenfußgewächs aus Südeuropa, das in Parkanlagen und manchmal in Wäldern den ersten Frühlingsgruß darstellt. Die kleine Pflanze blüht bereits im Februar, selbst wenn noch Schnee liegt. Die Blüten sind nur bei Sonnenschein geöffnet, bei trüber Witterung und abends schließen sie sich, sodass die übereinandergeschlagenen Blütenblätter eine schützende Kuppel über den Staubblättern und den Fruchtknoten bilden.

Wussten Sie, dass bei dem steten Öffnen und Schließen die Blütenblätter mit der Zeit doppelt so groß werden wie vor dem ersten Öffnen? Das Zurückschlagen und erneute Schließen ist eine aktive Bewegung. Sie wird durch Wachstum ausgelöst, es gibt also kein Scharnier am Grunde der Blütenblätter und keinen Mechanismus, der sie wie eine Türe aufstößt. Das Öffnen wird erreicht, indem die Innenseite des Blütenblattes ein bisschen wächst, die Zellen strecken sich, dadurch biegt sich das Blütenblatt nach außen. Beim Schließen wächst und streckt sich der Zellverband der Außenseite. Dieses abwechselnde Wachstum hat zwangsläufig eine Vergrößerung des Blütenblattes zur Folge, bei jedem Auf- oder Zuklappen wird es ein bisschen länger. Beim Winterling kann der Vorgang bis zu acht Mal wiederholt werden, gesteuert wird er durch Temperaturänderungen.

Die Wiederholbarkeit ist entscheidend. Denn bei Pflanzen sind bestimmte Bewegungen reversibel, andere nicht. Wenn sich eine Schlingpflanze um eine Stange wickelt, bewegt sich der Stängel, aber der Vorgang kann nicht rückgängig gemacht werden, die Pflanze kann sich nicht wieder freiwickeln wie eine Schlange. Dennoch ist diese Wachstumsbewegung eine echte Bewegung, ausgelöst durch den Kontakt des Stängels mit der Unterlage. Auch hier spielt unterschiedliches Wachstum auf der Ober- und Unterseite des Stängels eine Rolle. Berühren fördert Wachstum an der Oberseite des Stängels, die der Berührungsfläche gegenüberliegt. Dadurch krümmt sich der Stängel.

Nicht alle aktiven Bewegungen bei Pflanzen beruhen auf Wachstum. Das zweite Prinzip ist Druck oder hydraulischer Antrieb wie bei einem Bagger, der mit seinen ölgefüllten Leitungen und Kolben seine Schaufel bewegt. Nehmen wir als Beispiel die Schließzellen der Spaltöffnungen auf den Blättern. Sie erinnern sich: Durch sie verdunstet das Wasser und wird die

Transpiration aufrechterhalten. Sie dienen auch dem Gasaustausch: Kohlendioxid hinein, Sauerstoff heraus. Eine Spaltöffnung ist ein verschließbares Ventil, denn jede Spaltöffnung ist von zwei besonderen Zellen umgeben, den Schließzellen. Sie zeigen sich unter dem Mikroskop als halbmondförmige Gebilde und sind ein Wunderwerk der Natur, denn sie können die Pore verschließen oder offen halten. Das erlaubt der Pflanze, den Gasaustausch und vor allem das Verdunsten von Wasser zu regulieren und der Witterung anzupassen. Der Mechanismus ist ganz einfach: Die Schließzellen nehmen Wasser auf und krümmen sich. So öffnen sie den Weg durch die Pore. Der Vorgang ist reversibel, das bedeutet, dass die Schließzellen Wasser auch wieder abgeben können, in der Folge richten sie sich parallel aus und das Tor wird verschlossen.

Dasselbe Prinzip können Sie an der Gewöhnlichen Berberitze oder dem Sauerdorn *(Berberis vulgaris)* beobachten, ohne dass Sie ein Mikroskop benötigen. Der dornige Strauch fällt durch die kleinen gelben Blüten auf, von denen eine jede sechs Blütenblätter und sechs Staubblätter besitzt. Mit den Stielen der Staubblätter, Staubfäden genannt, lässt sich experimentieren: Fummeln Sie mit einem Kugelschreiber oder einer Nadel ein bisschen in einer Blüte herum, berühren Sie die Staubfäden, und siehe da! In weniger als einer Zehntelsekunde schlagen die Staubblätter aus, bewegen sich auf die Mitte zu, wo der Griffel sitzt. Seismonastie nennen Pflanzenphysiologen das, und sie meinen damit, dass die Staubfäden auf Druck reagieren. Eine Alles-oder-Nichts-Reaktion, denn erst ab einem bestimmten Druck wird die Bewegung ausgelöst, die ebenfalls wieder rückgängig gemacht wird. Auch hier übernimmt wechselnder Saftdruck in den Zellen die Rolle des Hebels.

Was ist der Sinn dieses Mechanismus? Normalerweise fährt nicht eine Nadel in der Hand eines Menschen in die Blüte, sondern ein Insektenrüssel oder ein kleines Insekt selbst, das in der Blüte umherwandert. Und während das Insekt nach Nektar stochert, verpassen ihm die Staubblätter durch ihre Krümmung eine gehörige Ladung Blütenstaub, der dann zur nächsten Blüte gebracht wird.

Eindrucksvoll ist auch das Zusammenklappen der Blätter bei der Schamhaften Mimose oder der Sinnpflanze *(Mimosa pudica)*. Wahrlich, die Pflanze ist scheu und bei der leisesten Berührung klappen die zahlreichen kleinen Blättchen nach oben zusammen; und plötzlich sackt das ganze Blatt nach unten ab. Erschütterungen lösen diese Bewegungen ebenfalls aus. Wer Geduld hat und eine derart gereizte Mimose noch ein Weilchen beobachtet, wird sehen, dass sich bald auch die unteren Blätter abwärts bewegen. Es scheint, dass ein Signal vom zuerst berührten Blatt zu den anderen Blättern übertragen wird. Tatsächlich funkt es in der Pflanze, denn Wissenschaftler haben elektrische Impulse in der Mimose gefunden, die den Nervenimpulsen unseres Nervensystems verblüffend ähnlich sehen.

Die Sinnpflanze klappt ihre Blätter auch bei einbrechender Dunkelheit zusammen, weshalb von einer Schlafstellung der Blätter gesprochen wird. Natürlich stellt sich die Frage nach dem Sinn dieser merkwürdigen Bewegungsfreiheit. Liegt eine Vorkehrung gegenüber blattfressenden Tieren vor, eine Vorsichtsmaßnahme? Das wäre denkbar, denn zusammengeklappte Blätter sehen weitaus weniger einladend aus als entfaltete Blätter. Und wer weiß, ob ein Käfer nicht erschrickt und das Weite sucht, wenn das Blatt sich plötzlich bewegt? Oder liegt eine Schutzvorrichtung gegen Austrocknung vor? Dagegen spricht die Schnelligkeit der Bewegung und die Tatsache, dass sie durch Berühren ausgelöst werden kann. Kurz und gut, man kennt den Grund nicht und kann nur spekulieren.

Auch bei der Sinnpflanze ist die Bewegung vollkommen reversibel und wird durch Saftdruck gesteuert. An der Basis eines jeden Blättchens und an der Basis des Blattstieles gibt es ein Gelenk, das aus einem steifen Stützgewebe besteht, es wird von einem weicheren und verformbaren Gewebe umgeben. Botaniker sprechen tatsächlich von Motorgewebe. Wechselnder Wassergehalt in den Zellen dieses Gewebes führt zur Bewegung;

die eine Hälfte ist schlaff, die andere Hälfte prall gefüllt, oder umgekehrt. Dadurch bewegt sich der Blattstiel nach unten oder nach oben. Das ist das pflanzliche Gegenstück zu Beuger- und Streckermuskeln.

Dank solcher Gelenke und Motorgewebe können sich die Blätter vieler Pflanzen nach dem Sonnenstand richten. So auch beim Kompass-Lattich *(Lactuca serriola)*, der Stammpflanze des Grünen Salates. Bei sonnigem Wetter stehen die Blätter beinahe senkrecht, ihre Schmalseiten sind in Nord-Süd-Richtung ausgerichtet. Die Fläche des Blattes verläuft dadurch parallel zu den Sonnenstrahlen. Wäre es nicht besser, wenn die Strahlen senkrecht auftreffen würden, um eine größtmögliche Zuckerproduktion zu gewährleisten? Da der Kompass-Lattich eher an schattigen Plätzen wächst und empfindliche Blätter hat, ist das Drehen der Blätter eine Schutzvorrichtung, um ein Überhitzen zu vermeiden.

Einen Saftdruckantrieb nutzt auch die Venusfliegenfalle *(Dionaea muscipula)*, um ihre Fangblätter zu schließen. Auf diese insektenfangende Pflanze komme ich in Kapitel 21 ausführlich zu sprechen, daher lasse ich sie für den Moment außer Acht.

Das dritte Prinzip pflanzlicher Bewegungen ist rein passiv und beruht auf den physikalischen Eigenschaften der beteiligten Baustoffe. Und zwar so, dass sie je nach Wassergehalt in der Luft, der Luftfeuchtigkeit, etwas länger oder etwas kürzer werden. Das ist wie bei einem Haar eines Menschen. Es verlängert sich bei hoher Luftfeuchtigkeit, weil es Wasser aufnimmt. In einem Haarhygrometer zur Bestimmung des Feuchtigkeitsgehaltes der Luft wird genau diese Eigenschaft angewendet, indem die Verlängerung erfasst und auf eine Anzeige übertragen wird.

Dieser Mechanismus kommt bei Pflanzen so häufig vor, dass er nicht außer Acht gelassen werden kann, auch wenn es keine Bewegung ist, die unter Energieaufwand zustande kommt. Nehmen Sie zum Beispiel einen Zapfen der Wald-Kiefer *(Pinus sylvestris)*. Solch ein Zapfen ist ein zuverlässiger Wetterprophet, denn bei feuchter Witterung ist er geschlossen. Hier liegt eine sogenannte hygroskopische Bewegung vor, eine Bewegung, die durch eine Änderung der Luftfeuchtigkeit erfolgt. Die Schuppen eines Kiefernzapfens sind so konstruiert, dass ihre Unterseiten bei feuchtem Wetter quellen, wodurch sich der Zapfen schließt. Bei Trockenheit hingegen spreizen die Schuppen auseinander. Wer hätte gedacht, dass ein so lebloses und starres Gebilde so wetterfühlig sein kann! Der Sinn der Vorrichtung ist offensichtlich: Auf den Schuppen liegen die geflügelten Samen, bereit, die weite Welt zu erkunden. Es wäre unklug, sie bei trübem Wetter zu entlassen, da würde der Wind sie nicht forttragen. Ein einfacher Versuch zeigt das Verhalten der Kiefernzapfen. Legen Sie ein trockenes Exemplar für zwei Stunden in Wasser, und Sie können zusehen, wie der Zapfen sich schließt.

Eine ganz andere hygroskopische Bewegung zeigt die Silberdistel *(Carlina acaulis)*, die auf steinigen und kalkigen Böden in den höheren Lagen vorkommt. Die großen Blütenköpfchen liegen direkt auf dem Boden und sind von einem Kranz silbrigweißer und glänzender Hüllblätter umgeben, was der Pflanze ihr typisches Aussehen verleiht. Wegen dieser Hüllblätter heißt die Pflanze auch Wetterdistel. Zur Blütezeit sind sie längst abgestorben und reagieren auf Feuchtigkeit, indem sie sich nach innen krümmen. Die Unterseite quillt durch Wasseraufnahme auf und löst damit die Bewegung aus. Sind alle Hüllblätter einwärts gebogen, ist das Blütenköpfchen geschlossen und die Früchte darin sind geschützt. Bei Sonnenschein öffnen sich die Hüllblätter wieder. Wenn Sie eine Silberdistel fünf- bis zehnmal anhauchen, werden Sie beobachten können, wie die Hüllblätter sich langsam aufrichten und nach innen krümmen.

Es ist sicher kein Zufall, dass mechanische Bewegungen, gesteuert von wechselnder Luftfeuchtigkeit, meist in Zusammenhang mit Früchten und Samen beobachtet werden. Auf diese Weise haben Pflanzen einen Weg gefunden, ihre Samen nur dann zu verstreuen, wenn die Witterung günstig ist, wenn die Chancen gut stehen, dass sie auch ordentlich verbreitet werden. Einen

Schritt weiter geht der Gewöhnliche Reiherschnabel *(Erodium cicutarium)*, eine kleine Pflanze mit rosaroten Blüten, die gerne auf Trockenrasen und sandigen Äckern wächst. Hier hilft wechselnde Feuchtigkeit beim Vergraben der Samen.

Die Früchte des Reiherschnabels sehen merkwürdig aus: dünne Fortsätze, Schnabel genannt, die drei bis vier Zentimeter lang werden und wie eine Bettfeder gedreht sind. Wer eine solche Frucht an einem Ende aufhängt und sie bei trockenem Wetter anhaucht, wird sehen, wie sich das andere Ende dreht, da die Windungen auf die Feuchtigkeit reagieren – sie strecken sich ein wenig, was zu der Drehbewegung führt.

Mit solch einer Vorrichtung trägt jeder Samen des Reiherschnabels einen wirkungsvollen Bohrer mit sich, der ihn in den Boden schraubt. Liegt ein Samen mit seinem Schnabel auf dem Ackerboden, wird sich die drehende Frucht vielleicht unter eine Ackerkrume schieben. Das eine Ende verhakt sich, und durch das beständige Spiel von Drehen und Loslassen wird der Samen weiter und weiter in den Boden gedreht oder zumindest etwas tiefer in den Boden geschoben. Die Wirksamkeit des Apparats wird angezweifelt, aber es kommt durchaus vor, dass die Samen des Reiherschnabels ein kleines Stück vergraben werden.

So haben Pflanzen als standortgebundene Wesen Mittel und Wege ersonnen, ihre feste Verwurzelung wenigstens teilweise durch ein Stück Beweglichkeit zu kompensieren. Das erlaubt ihnen, sich optimal an ihrem Wuchsort entfalten zu können.

8.
Tarzans Lianen

Lohnt es, ein ganzes Kapitel den Kletterpflanzen zu widmen? Und ob! Stellen Sie sich bloß einmal vor, es gäbe keine Kletterpflanzen. Wie armselig unsere Welt doch wäre! Keine lauschigen Gartenlauben mit wildem Wein, der sich an Stangen emporrankt und mit seinem Blätterdach angenehmen Schatten spendet. Keine Ziegelsteinbauten, deren Wände bedeckt sind vom üppigen Blattwerk der Jungfernrebe, das im Herbst flammend rot aufleuchtet. Unzählige Kinder hätten Tarzans Abenteuer nicht bewundern können, denn eine Welt ohne Lianen hätte den amerikanischen Schriftsteller Edgar Rice Burroughs kaum zu seinem Roman «Tarzan bei den Affen» inspiriert. Doch was für viele sicher das Schlimmste wäre: Es gäbe kein Bier! Denn ohne Hopfen *(Humulus lupulus)* lässt es sich nicht brauen, und Hopfen ist eine Kletterpflanze, die auf sieben Meter hohen Stangen gezogen wird.

Der Hopfen führt geradezu bilderbuchhaft die Besonderheiten einer Kletterpflanze vor Augen. Da ist einmal das rasche Wachstum: Die jungen Triebe legen in den wenigen Monaten zwischen Frühling und Herbst bis zu sechs Meter an Länge zu. Außergewöhnlich ist aber, dass beim Hopfen alle Triebe im Herbst absterben und jedes Jahr von Grund auf neue Triebe heranwachsen. Als Kletterpflanze steht der Hopfen wie alle anderen Lianen und Schlingpflanzen nicht auf eigenen Füßen, sondern ist zeitlebens auf Stützen angewiesen. Daher zeigen die jungen Triebe ein typisches Wachstumsverhalten: das Suchen nach Halt. In einem Zeitrafferfilm gleicht es einem wilden Um-sich-Schlagen. Der Vorgang ist bemerkenswert. Ein junger Trieb wächst rasch, bleibt zunächst blattlos, obwohl er über Blattknospen verfügt. Das Blattwachstum wird aber so lange unterdrückt, wie der Trieb frei in der Luft schwebt. Das macht auch Sinn, denn entfaltete Blätter bedeuten Gewicht und würden den Trieb nach unten drücken. Er soll aber eine Stütze finden, und dazu dreht er sich während des Wachstums, so, wie Sie die Spitze eines Stocks in Ihrer Hand aus dem Handgelenk heraus in kreisende Bewegungen versetzen. Der Hopfen braucht für eine Umdrehung etwa zwei Stunden.

Wussten Sie, dass der Hopfen Rechtshänder oder besser gesagt Rechtswinder ist? Die kreisenden Bewegungen seiner Triebe geschehen im Uhrzeigersinn, was eher eine Ausnahme unter den

Lianen ist. Es war Charles Darwin, der sich eingehend damit beschäftigte und in seinem kleinen Gewächshaus etliche Kletterpflanzen studierte, ihre Umlaufzeiten notierte und beobachtete, ob sie sich linksdrehend oder rechtsdrehend um eine Holzstange wickeln würden. Er holte sich Samen und Lianenstecklinge aus den Kew Botanical Gardens, zog sie bei sich auf und fand unter seinen Versuchspflanzen 27 linksdrehende, aber nur 13 rechtsdrehende Arten. Ein paar weitere Arten waren unschlüssig und wechselten spontan die Drehrichtung, während sie hochklettern.

Sobald ein Trieb auf eine Stütze trifft, ändert sich das Wachstum schlagartig. Die Berührung löst ein Krümmen aus und der Trieb schlingt sich um die Stütze, wird stärker, und bald werden die zur Ruhe gezwungenen Blattknospen erlöst, sodass sie austreiben und neue Blätter entfalten können.

Während sich Kletterpflanzen wie der Hopfen lediglich durch Umschlingen nach oben arbeiten, ohne weitere Hilfsmittel, benutzen andere Arten Kletterhilfen. Der Efeu *(Hedera helix)* klettert dank unzähliger Haftwurzeln, die an den Unterseiten der Stängel sprießen und sich in die Ritzen eines Baumstammes drängen, ein Stück Efeuspross sieht wie ein dicker Tausendfüßler aus. Die Jungfernrebe *(Parthenocissus quinquefolia)* hingegen, die gerne zur Fassadenbegrünung gepflanzt wird, klettert mittels ihrer Ranken. Übrigens gäbe es ohne Lianen auch keinen Wein, denn auch wenn sich die Rebstöcke eines Weinbergs knorrig und niedrig zeigen, in ihrer wilden und ungezähmten Form ist die Weinrebe *(Vitis vinifera)* eine zehn Meter hohe Kletterpflanze, die sich ebenfalls mit Hilfe ihrer Ranken festhält.

Unsere wild wachsenden Lianen kommen vor allem in Auenwäldern vor, wo der Boden stets feucht und voller Nährstoffe ist. Nur solche Böden erlauben das rasche Wachstum, das derartige Pflanzen benötigen. Viele Arten sind es nicht, die beiden wichtigsten sind Efeu und die Gewöhnliche Waldrebe *(Clematis vitalba)*. Während der Efeu bis in Höhen von zwanzig Metern klettert, schafft es die Waldrebe nur auf etwa fünf Meter. Das Wald-Geißblatt *(Lonicera periclymenum)* mit seinen stark duftenden Blüten wächst hingegen gerne in lichten Eichenwäldern und ist Futterpflanze für die Raupen eines Schmetterlings, des Kleinen Eisvogels *(Limenitis camilla)*.

Der Efeu ist noch in anderer Hinsicht bemerkenswert, denn er ist bei uns der einzige Vertreter der Efeugewächse oder Araliaceen. Diese Pflanzenfamilie ist hauptsächlich auf die Tropen beschränkt. In der Tat, der Efeu erinnert mit seinen armdicken Stämmen und seinen immergrünen Blättern an tropische Verhältnisse, die vor sehr langer Zeit auch einmal in Europa herrschten.

Tatsächlich sind die tropischen Regenwälder die eigentliche Hochburg der Lianen. Hier gedeiht eine Fülle von Kletterpflanzen, so artenreich und vielgestaltig wie die Bäume, auf die sie klettern. So wachsen auf der kleinen Insel Barro Colorado Island in Panama, der Sie in Kapitel 1 bereits begegnet sind, 265 verschiedene Arten an Lianen. Am Rande der Urwälder, etwa am Ufer eines Flusses oder entlang von Urwaldstraßen, entwickeln sie sich besonders üppig und bilden einen undurchdringlichen Vorhang aus Lianensträngen und dichtem Laub. Wegen der guten Lichtverhältnisse machen sie hier dem Wort Dschungel alle Ehre. Im Innern eines tropischen Regenwaldes hingegen ist es düster, da dringt nur wenig Licht bis zum Boden durch. Neben den Baumstämmen ragen Lianen nach oben, manche sind dünn und aalglatt, andere verdrillt wie die Stränge eines Seils, wiederum andere haben dicke und kantige Stämme. Sogar Lianenstämme mit Löchern kommen vor, sodass Tropenbiologen von Affenleitern sprechen. Aber nicht alle Stränge sind Lianen, denn eine stattliche Anzahl Pflanzenarten beginnen ihr Leben in den Baumwipfeln, wo sie aus dem Samen keimen und dann Luftwurzeln bis zum Boden absenken. Diese Pflanzen sind eine besondere Form der sogenannten Epiphyten oder Aufsitzerpflanzen, von denen es im Urwald unzählige Arten gibt. Manche Baumstämme sind von einem regelrechten Geflecht von Lianen umgeben, und im Kronenbereich ziehen die Lianen von Ast zu Ast und von einem Baum zum anderen. Da kann ein Lianenstrang schon eine Länge von 400 Meter erreichen.

Wenn ein Samen einer Liane auf den Boden eines Regenwaldes fällt, ist es für die heranwachsende junge Pflanze das Wichtigste, möglichst rasch ans Licht zu gelangen. Der Keimling so mancher Art streckt sich kerzengerade in die Höhe, wird länger und länger und ist in diesem Stadium kaum von einem jungen Baum zu unterscheiden. Irgendwann neigt er sich, stößt an einen Baumstamm und rast nun nach oben. Andere Arten zeigen ein Wuchsverhalten, das zunächst jeglicher pflanzlicher Vernunft zu widersprechen scheint. Ein Keimling einer solchen Art bildet einen Kriechspross, der dem Boden aufliegt und auf die dunkelste Stelle in seiner unmittelbaren Umgebung zuwächst. Trotz des Dämmerlichtes ist der Waldboden nicht gleichmäßig beleuchtet. Da gibt es Stellen, wo die Sonnenstrahlen durchdringen und den Boden erhellen, an anderen Stellen bleibt es die ganze Zeit dunkel. Die Liane kriecht über den Boden und sucht den Schatten auf, denn da steht sicher ein Baum. Sie kann nicht zum Licht hin wachsen, solange sie keine Stütze hat. Die Umkehr der Reaktion auf Licht weist also der Liane den Weg zu ihrem künftigen Klettergerüst. Sobald sie in Tuchfühlung mit dem Baumstamm ist, verändert sich ihr Verhalten und sie strebt nun zielgerichtet nach oben, zur lichterfüllten Baumkrone hin.

Stört es einen Baum, wenn er voller Lianen hängt? Wie bei allem ist das eine Frage der Dosis. Übermäßiger Lianenbewuchs kann einen Baum ganz schön bedrängen, ihn sogar zu Boden bringen oder seinen Lebenssaft abschnüren. Immerhin häufen Lianen ein ordentliches Gewicht in den Baumkronen an, und das macht die Bäume anfällig für Windwurf. Lianen, die sich um einen Baumstamm herumschlingen, können die Rinde so stark eindrücken, dass der Wassertransport erschwert wird oder gar zum Erliegen kommt – der Baum vertrocknet. Doch das ist eher selten. Häufiger wird einfach das Wachstum des Baumes vermindert, die Zunahme der Baumhöhe und das Dickerwerden des Stammes verlaufen langsamer, wenn der Baum voller Lianen hängt, und es werden viel weniger Blüten gebildet.

Interessanterweise erwecken Bäume den Anschein, als hätten

sie Strategien entwickelt, um Lianen loszuwerden oder ihnen wenigstens das Leben schwerer zu machen. Freilich ist es nicht so, dass die Bäume ihre Krone hin und her werfen, um so die lästigen Lianenstränge abzuschütteln. Nein, die Architektur eines Baumes ist es, die für Lianen geeignet oder weniger geeignet ist, ebenso die Beschaffenheit der Rinde. Für Lianen gibt es gleichsam Schwierigkeitsgrade bei verschiedenen Baumarten, so, wie es leichte und schwierige Klettertouren gibt. Der Biologe Francis Putz von der University of Florida in Gainesville studiert schon seit langem die Biologie tropischer Lianen und stellte auf Barro Colorado Island fest, dass verschiedene tropische Bäume einen sehr unterschiedlich starken Behang von Lianen aufweisen. Ja, einige Bäume sind sogar nahezu frei von ihnen. Haben diese Bäume besondere Vorkehrungen getroffen, oder ist es einfach Zufall?

Letzteres wahrscheinlich nicht, denn Putz stellte einen eindeutigen Zusammenhang zwischen der Gestalt der Baumarten und dem Lianenbewuchs fest. Bäume mit sehr großen und biegsamen Blättern, wie etwa die Palmen, tragen viel weniger Lianen als Bäume mit kleinen Blättern. Auch Bäume mit hohen, schlanken Kronen und vergleichsweise wenigen Ästen zeigten sich als weniger anfällig für Lianen als Bäume mit weit ausladenden Kronen. Und eine glatte Rinde ist ungleich schwerer zu erklimmen als eine rissige, gefurchte Rinde. Freilich ist es schwierig, aus diesem offensichtlichen Zusammenhang zwischen Lianenbefall und der Gestalt eines Baumes auf eine Entwicklung in der Evolution zu schließen, mit der Bäume ihre Lianen loswerden. Die Befunde zeigen aber, dass Lianen in einem Regenwald nicht gleichmäßig verteilt sind, was zu seiner reichhaltigen Struktur und Artenvielfalt beiträgt.

Ich habe das Kapitel mit der Vorstellung einer lianenlosen Welt begonnen. Wie würden die Urwälder ohne Lianen aussehen? Sicherlich anders und womöglich mit beträchtlich weniger Pflanzen- und Tierarten. Denn den Lianen kommt eine ganz besondere Bedeutung zu. Sie verknüpfen die Bäume, spannen Seile zwischen den Kronen auf, verweben das Blätterdach zu einem einzigartigen Lebensraum. Die Blüten und Früchte der Lianengewächse erweitern das Nahrungsangebot für die Tiere des Kronenbereiches. Das Leben eines Tropenwaldes spielt sich in den Baumkronen ab – hier findet man die allermeisten Arten an Pflanzen und Tieren des Urwalds vor. Auch zahlreiche Säugetiere bevölkern das Blätterdach und bewegen sich von Baum zu Baum: Baumkängurus, Baumratten, Bonobos, Gibbons, lauthals schreiende Makaken oder die gemächlichen Faultiere, die sich kopfüber hängend mit ihren gekrümmten Krallen an Zweigen und Lianen fortbewegen. Solche Tiere sind zeitlebens Trapezkünstler und leben gefährlich, wenn sie Dutzende von Metern über dem Boden im Geäst klettern. So wies etwa ein Drittel der Skelette baumbewohnender Säugetiere, die Zoologen gefunden und begutachtet hatten, verheilte Knochenbrüche auf – ein untrügliches Zeichen für ein risikoreiches Leben. Für große Tiere ist ein Sturz ungleich gefährlicher als für kleine Tiere; Katzen können von einem mehrstöckigen Haus unbeschadet herunterfallen, ein erwachsener Mensch jedoch nicht.

Nun leben aber auch große Primaten in den Bäumen, Orang-Utans und Schimpansen. Sie verbringen die Nacht in einem Baumnest, das sie sich aus Zweigen und Blättern im Geäst anfertigen. Für die Menschenaffen sind Lianen aber gar nicht so wichtig, wie Richard Wrangham meinte, Zoologe und Primatenforscher an der Harvard University in den USA: «Schimpansen klettern gar nicht so oft von einem Baum zum andern. Stattdessen klettern sie auf einen Baum, dann wieder hinunter, gehen ein Stück auf dem Waldboden und steigen auf den nächsten Baum.» In Kibale, Uganda, wo Wrangham und sein Team arbeiten, machen das die Schimpansen etwa sieben Mal am Tag.

Die Großen wagen sich also nicht auf die Äste hinaus. Für die kleinen Tiere aber sind Lianen willkommene Seile, die die Bäume eines Regenwaldes zu einem Klettergarten machen.

9. Das kurze schöne Leben der Mojave-Gauklerblume

Gnadenlos brennt die Sonne auf den Boden und heizt ihn so stark auf, dass die Luft flimmert. Kein Laut ist zu hören und ein blassblauer Himmel überspannt die Landschaft. Hier, in der Sonora-Wüste im Südwesten der USA, herrschen raue Bedingungen. Regen fällt selten und äußerst unregelmäßig, meist in den Wintermonaten und stets in geringer Menge. Die gesamte Gegend liegt im Regenschatten der hohen Küstengebirge. Die Wolken, die vom Pazifischen Ozean herangeweht werden, regnen an den Westflanken ab, das Land dahinter geht die meiste Zeit leer aus. Pflanzen in der Wüste brauchen schon ganz besondere Anpassungen, um in einer solch unwirtlichen Umgebung bestehen zu können.

Schutz vor Austrocknung scheint das Naheliegendste und Wichtigste zu sein. Viele Pflanzen schützen ihre Blätter mit einer dicken Wachsschicht oder einem dichten Filz aus Haaren. Ein Wüstenstrauch wie der Kreosotbusch *(Larrea tridentata)* kann dreißig Monate ohne einen Tropfen Regen auskommen, seine Blätter bleiben dabei voll funktionsfähig. Andere Pflanzen fallen durch ihre dicken und fleischigen Blätter auf, die als Wasserspeicher dienen. Die Kakteen hatten eine perfekte Anpassung gefunden und den Wechsel von einem beblätterten Stängel zu einer vollkommen blattlosen, wasserspeichernden Kugel oder Säule vollzogen.

Eine andere Möglichkeit, sich in der Wüste zu behaupten, ist Kurzlebigkeit. Kurzlebige Pflanzen sind das pure Gegenteil der langlebigen Kakteen und Agaven – manche Agaven erreichen ein Alter von einigen Jahrzehnten oder mehr. Kurzlebige Wüstenpflanzen sind Einjährige oder Annuelle, die nur ein Mal in ihrem Leben blühen und fruchten und die meiste Zeit ihres Daseins als Samen im Boden verbringen. Sie nutzen die kurze Zeit nach Regenfällen, in der der Boden feucht ist, um heranzuwachsen und sich zu vermehren. So wie die winzige Mojave-Gauklerblume *(Mimulus mohavensis)*, die nur einige Blättchen besitzt, kaum höher als ein paar wenige Zentimeter wird, aber mit einer großen purpurnen Blüte ausgestattet ist. Ein Farbtupfer im hellen Wüstensand. Im einen Jahr hat es nur ein paar vereinzelte dieser Gauklerblumen, im anderen Jahr hingegen sind sie so häufig, dass sie den Boden mit ihren Blüten sprenkeln, weil es viel mehr Regen gegeben hat.

Fast die Hälfte aller Pflanzenarten in der Sonora-Wüste sind Einjährige. Ihr Auftreten und ihr Wachstum hängen vollkommen von der Menge der spärlichen Niederschläge ab. Solche Pflanzen brauchen sich nicht um das Anlegen von Speicherorganen wie Wurzelknollen oder Zwiebeln zu kümmern, sie haben es auch nicht nötig, wasserspeichernde Gewebe, etwa dicke Blätter, anzulegen. Sie haben nur eines im Sinn: keimen, groß werden und möglichst rasch neue Samen bilden. Dann mag die Trockenheit wieder kommen. Wenn genügend Wasser vorhanden ist, lebt eine Wüsten-Annuelle im Grunde genommen in einem Paradies, denn sie leidet während ihres gesamten Lebens zu keinem Zeitpunkt an Wassermangel. Bleibt die Bodenfeuchtigkeit lange genug erhalten, kann sie gedeihen und sogar größer als gewöhnlich werden, mehr Blüten ansetzen und damit auch mehr Samen. Die Strategie zahlt sich aus, denn wenn es einer solchen Pflanze gelingt, die kurze Zeit eines gut durchfeuchteten Bodens nach einem Regenguss zu nutzen, ist ihr Fortbestand bereits gesichert. Die Samen warten dann einfach im Boden auf den nächsten Regen.

So weit, so gut. Das ist alles einleuchtend und wäre recht einfach, wenn es nicht ein ganz großes Problem gäbe. Versetzen Sie sich einmal in die Lage eines Samens der Mojave-Gauklerblume, der irgendwo in der Einsamkeit der Wüste im Sand liegt. Ein winziges braunes Gebilde, nicht größer als ein Reiskorn, zwischen den Sandkörnern verharrend. Die Mojave-Gauklerblume blüht im April oder Mai, es kann also gut sein, dass der Samen Ende Mai reif geworden ist und nun im Sand liegt. Keimen sollte er erst im nächsten Winter. Wie aber soll der Samen wissen, wann er keimen darf? Wie bestimmt er den richtigen Zeitpunkt? Wenn er nach einem der seltenen Sommergewitter keimt, wäre das unklug, denn die große Hitze und das bisschen Regen würden der Mojave-Gauklerblume nicht genügen. Vielleicht regnet es aber auch nach der Fruchtreife noch einmal, auch hier wäre vorzeitiges Keimen gefährlich. Und spätestens im nächsten Herbst stellt sich die Frage, wann denn zu keimen sei. Woher weiß der Samen, ob das bisschen Wasser, das eben vom Himmel gefallen ist, genügend Bodenfeuchtigkeit liefert, um den gesamten Lebenszyklus vom Keimen bis zum Fruchten durchlaufen zu können? Wird es noch mehr regnen, macht es also Sinn, jetzt die Samenruhe zu brechen und die Keimung einzuleiten? Oder ist es besser, weiter abzuwarten? Vielleicht kommt ja tatsächlich noch mehr Regen – vielleicht aber auch nicht und in ein paar wenigen Stunden ist der Boden trocken wie zuvor.

Samen können keinen Wetterbericht hören, der wäre sowieso unzuverlässig. Sie können auch die Niederschlagsmenge nicht messen und nicht Buch führen über die Regenereignisse der vergangenen Wochen. Verfrühtes Keimen wäre aber fatal. Wenn alle Samen einer einjährigen Wüstenpflanze tatsächlich beim erstbesten Regenguss keimen würden, wäre die Gefahr groß, dass die gesamte Saat vertrocknet und der gesamte Bestand mit einem Mal ausgelöscht ist.

Es ist verblüffend, dass das Wüstenklima zwei Sorten von Einjährigen hervorgebracht hat, die sich gegenseitig ausschließen: Winter-Annuelle und Sommer-Annuelle. Bei beiden wird die Keimung von der Menge der Niederschläge und der Temperatur gesteuert; es braucht die richtige Kombination.

Winter-Annuelle nutzen die kühlen Wintermonate für ihr Wachstum, und die meisten Niederschläge fallen ja auch im Winter. Das typische Leben einer Winter-Annuelle sieht so aus: Sobald es im Herbst oder zu Beginn des Winters genügend geregnet hat, keimt ihr Samen und die Pflanze wächst langsam heran. Im Frühjahr dann, wenn die Temperaturen wieder steigen, werden rasch Blütenstängel und neue Samen gebildet, womit der

Lebenszyklus abgeschlossen ist. Um keimen zu können, ist eine Mindestmenge an Regen notwendig, und die Temperatur darf nicht zu hoch sein. Das ist der Grund, warum ein Samen einer Winter-Annuelle nicht in den Sommermonaten keimen kann, zu dieser Jahreszeit ist es zu heiß.

Die Samen einer Winter-Annuelle keimen nicht unmittelbar, sobald sie nass geworden sind. Nein, da wartet man erst einmal ab und harrt der Dinge, die da kommen. Erst wenn die Feuchtigkeit im Boden genügend lange anhält, bricht der Samen auf und schiebt seine empfindliche Primärwurzel in den Sand, formt alsbald die Keimblätter und wächst heran.

Dennoch bleibt das Keimen bei so prekären Regenverhältnissen ein Spiel mit dem Feuer. Das zeigt sich an der hohen Mortalität der Jungpflanzen, also am Anteil aller gekeimten Pflanzen, die es nicht schaffen und nicht einmal zur Blüte kommen. Gerade deswegen hat sich eine Zusatzversicherung herausgebildet, die als Risikoverminderung betrachtet werden kann. Nicht alle Samen in einem Bestand einer Wüsten-Annuelle keimen, auch wenn die Bedingungen noch so gut sind. Nein, ein bestimmter Anteil der Samen bleibt dormant, wie es im Fachjargon heißt. Das ist der Notvorrat, der beiseitegeschafft wird für den Fall, dass alles schiefgehen sollte. Sollten die Keimlinge der anderen Samen vertrocknen, so können die dormanten Samen nächstes Jahr keimen, vielleicht wird es ein besseres Jahr. Freilich stellen die dormanten Samen für den Bestand der Pflanze ein Opfer dar, denn in einem guten Jahr verpassen diese Samen die Gelegenheit, neue Pflanzen zu bilden und sich zu vermehren. Die Population nimmt in Kauf, dass die Vermehrung insgesamt höher sein könnte, aber für die Verminderung des Risikos scheint das Opfer angebracht. Schließlich geht es um Höheres, nämlich um den Fortbestand der ganzen Art. Das Schicksal der einzelnen Pflanzen ist weniger wichtig.

Die Sommer-Annuellen hingegen wachsen und blühen in der heißesten Jahreszeit, wenn das Thermometer auf vierzig Grad oder mehr im Schatten klettert. Es mag paradox klingen, aber für eine Sommer-Annuelle ist es im Winter zu kalt. Ihre Samen werden nicht durch die kühlen Temperaturen des Winters und seine Regenfälle zum Keimen stimuliert, sondern durch die seltenen Regenfälle nach einem Sommergewitter und durch hohe Temperaturen. Damit gehören Sommer-Annuelle zu den erstaunlichsten Pflanzen in einer Wüste. Sie sind extrem kurzlebig und schließen ihren gesamten Lebenszyklus von der Keimung bis zur Samenreife innerhalb weniger Wochen ab. Namen wie Sechs-Wochen-Grama *(Bouteloua barbata)* verraten dies: Das kleine und unscheinbare Gras gehört zu den Sommer-Annuellen. Daniel Austin, der am Sonora Desert Museum in Tucson, Arizona, arbeitet, erzählte mir, dass er in seinem Garten ein paar solcher Einjähriger hatte, die innerhalb von weniger als zwei Wochen gekeimt, geblüht und Früchte angesetzt hatten. Damit existieren Sommer-Annuelle die meiste Zeit des Jahres und manchmal auch mehrere Jahre in Gestalt ihrer Samen, die zwischen den Sandkörnern des Wüstenbodens liegen, geschützt durch eine dicke Samenschale und eine Wachsschicht. Wenn sie wachsen, macht ihnen die Hitze nichts aus.

Sommer-Annuelle sind unscheinbar. Sie tauchen hie und da in der Landschaft plötzlich auf, wenn einer der seltenen Gewitter lokalen Regen bringt, und verschwinden ebenso rasch wieder. Meist bleiben sie unbemerkt, denn wer reist schon in den heißen Sommermonaten in die Wüste?

Winter-Annuelle sind hingegen weitaus zahlreicher vorhanden, auch wenn ihre Häufigkeit von Jahr zu Jahr variiert. Verschiedene Arten zeigen übrigens ganz unterschiedliche Schwankungen. Eine Pflanzenart lässt sich vielleicht jahrelang überhaupt nicht blicken, dann tritt sie auf einmal üppig in Erscheinung, während eine andere Art jedes Jahr anzutreffen ist, aber nie in großer Anzahl. Auch in der Wüstenlandschaft selbst gibt es große Unterschiede, denn es kann sein, dass an einer Stelle vergleichsweise viel Regen fällt, während es an einer anderen Stelle nur wenige Kilometer weiter weg überhaupt keinen Regen gibt.

Die jährlichen Fluktuationen haben für den Lebensraum

Wüste weitreichende Folgen. Von den Sämereien ernähren sich schließlich Tiere wie Ameisen, Vögel und kleine Nagetiere, die saftigen Pflanzen selbst werden von Heuschrecken und größeren Tieren wie Hasen angeknabbert. All diese Tiere folgen in ihrer jährlichen Bestandsgröße den einjährigen Pflanzen, ein Auf und Ab, das vom Regen diktiert wird.

So zeigt die Wüste jedes Jahr ein anderes Bild. Sehr oft sind es magere Wildblumenjahre, manchmal zeigt sich kaum eine der vielen einjährigen Pflanzen und der Sand bleibt unbewachsen. Dann aber kommt ein gutes Jahr und dieselbe Stelle bietet im Frühjahr einen spektakulären Anblick, wenn es heißt: «Die Wüste blüht!» Abertausende von einjährigen Blumen bedecken den Sand, ein einziges Blütenmeer, das sich bis zum Horizont erstreckt und das Tal anfüllt. Da sind die Behaarte Sand-Verbena *(Abronia villosa)* mit ihren rosaroten kugeligen Blütenständen oder die Wüsten-Nachtkerze *(Oenothera deltoides)*, auch Teufels Laterne genannt, die ihre großen weißen Blüten erst abends öffnet und im Mondlicht der Wüstennacht die Gegend verzaubert. Oder die Canterbury-Glocke *(Phacelia campanularia)*, die mit ihren tiefblauen glockenförmigen Blüten einen Kontrast setzt.

Das Spektakel hält jedoch nur kurz an. Bald vertrocknet die Pracht und wer weiß schon, wann wieder ein gutes Jahr kommt. Aber im Boden konnten sich erneut unzählige Samen ansammeln.

VERMEHRUNG

10.
Wenn Pflanzen sich selbst klonen

Haben Sie schon einmal Erdbeeren vermehrt, indem Sie Ausläufer abgeschnitten und die einzelnen Teilstücke erneut gepflanzt haben? Dann haben Sie ganz unbewusst das gemacht, was in Zeiten von Klonschafen und Reproduktionsmedizin heiß diskutiert wird – Sie haben Pflanzen geklont. Für diesen Vorgang ist jedoch der Gärtner eigentlich gar nicht nötig, denn eine Vielzahl von Pflanzenarten klont sich in freier Natur ständig selbst.

Um das zu verstehen, gilt es, zunächst einmal anzuschauen, was Klonen überhaupt bedeutet. Dazu sagt der Brockhaus: «Das Herstellen gleichartiger, genetisch identischer Nachkommen einer Zelle oder eines Organismus.» Der Vorgang ist also nichts anderes als eine ungeschlechtliche Vermehrung bzw. die Zeugung von Nachkommen ohne geschlechtliche Vereinigung, der bei Pflanzen auf bestimmten Wachstumsvorgängen beruht.

Für die geschlechtliche Vermehrung sind männliche und weibliche Geschlechtszellen erforderlich, die bei Pflanzen in Form von Pollenkörnern in den Staubblättern sowie der Eizelle im Inneren des Fruchtknotens der Blüte vorliegen. Wird die Eizelle vom Pollenkorn befruchtet, kommt es zur Bildung des Samens. Dabei wird das Erbmaterial neu gemischt, und jede neue Pflanze, die aus einem Samen entsteht, ist genetisch einzigartig. Bei der ungeschlechtlichen Vermehrung wächst hingegen bestimmtes Gewebe der Mutterpflanze zu neuen Pflanzen heran. Dies hat zur Folge, dass so entstandene Nachkommen mit

der Ursprungspflanze genetisch identisch sind. Daher sprechen Biologen und Botaniker hier von klonalem Wachstum.

Pflanzen sind sehr erfinderisch und haben im Laufe ihrer Entwicklungsgeschichte die unterschiedlichsten Formen der ungeschlechtlichen Vermehrung ersonnen. Und was es da nicht alles gibt – lange Kriechsprosse, die strahlenförmig in alle Richtungen wachsen und neue Wurzeln bilden, unterirdische Ausläufer, die für den Beobachter oft unsichtbar bleiben, Brutknospen, die am Stängel gebildet werden und abfallen, oder Brutzwiebeln, die sich bei manchen Zwiebelpflanzen auf der Mutterzwiebel entwickeln. Bei einigen Wasserpflanzen wie der Kanadischen Wasserpest *(Elodea canadensis)* bricht sogar die ganze Pflanze auseinander, damit die Bruchstücke von der Strömung fortgetragen werden können, um an anderer Stelle auszutreiben. Hier findet also eine Art Selbstzerstörung zugunsten der Vermehrung statt. Ganz anders die Sand-Segge *(Carex arenaria)*, die man auf sandigem Boden häufig antrifft. Sie bildet bis zu zehn Meter lange unterirdische Ausläufer, aus denen in regelmäßigen Abständen Sprosse emporwachsen. Diese Tochtersprosse stehen in Reih und Glied, weshalb die Pflanze auch «Soldatengras» oder «Nähmaschinen-Segge» genannt wird.

Auch für die Hartnäckigkeit, mit der so manches Unkraut immer wieder austreibt, ist klonales Wachstum verantwortlich. Daher spottete einst Mark Twain: «Unkraut ist alles, was nach dem Jäten wieder wächst.» Eines der gefürchtetsten Unkräuter ist dabei die Gewöhnliche Quecke *(Elymus repens)*, der nicht so einfach beizukommen ist. Denn dieses Gras sichert sich durch zahlreiche Ausläufer seine Existenz und lässt sich auch nicht davon beeindrucken, wenn es beim Pflügen zerschnitten und in Stücke gerissen wird: Ein kleines Sprossstückchen mit ein oder zwei Knospen genügt, um dann erneut die Oberhand zu gewinnen.

Solch klonale Pflanzen sind überaus häufig anzutreffen. Aber sie sind nicht immer auf den ersten Blick als solche zu erkennen. So kann ein aufmerksamer Beobachter auf einem Waldspaziergang im Frühjahr sehen, dass Maiglöckchen *(Convallaria majalis)* und Busch-Windröschen *(Anemone nemorosa)* gerne in dichten Gruppen wachsen. Doch sind die Pflanzen nun unterirdisch miteinander verbunden und stellen somit einen Klon dar, oder ist jede Einzelpflanze aus einem eigenen Samen hervorgegangen? Ohne im Boden zu graben, lässt sich das nicht sagen. Ich kann Ihnen aber verraten, dass beide Arten klonale Pflanzen sind.

Auch das Moosglöckchen (Linnaea borealis) ist eine klonale Pflanze, denn aus dem Kriechspross wachsen ständig neue Stängel mit Blüten. Die zarte Pflanze kommt in moosreichen Nadelwäldern der Alpen und des Nordens vor. Sie ist nach dem schwedischen Botaniker Carl von Linné benannt.

Und hier ergibt sich nun ein Problem: Was genau ist bei einer klonalen Pflanze das Individuum? Bei einem Tier ist dies ziemlich eindeutig: Das Junge kommt zur Welt, wächst heran, zieht selbst Junge auf und stirbt irgendwann. Bei einjährigen Pflanzen wie der Sonnenblume *(Helianthus annuus)* ist es genauso: Aus dem keimenden Samen entwickelt sich eine Pflanze, die heranwächst, einen riesigen Blütenkopf bildet und nach der Fruchtreife komplett abstirbt. Jede einzelne Sonnenblume entsteht daher aus einem einzelnen Samen.

Bei klonalen Pflanzen ist die Antwort auf die Frage nach dem Individuum jedoch alles andere als klar. Alles, was aus einem Samen hervorgeht, ist genetisch identisch und gehört somit zum selben Individuum. Dies ist auch dann der Fall, wenn sich die Pflanze klont, Tochterpflanzen hervorbringt und die Verbindungen zwischen Mutter- und Tochterpflanzen irgendwann absterben. Selbst wenn eine Gärtnerei eine Staude durch Teilen der Wurzelknollen vermehrt und die neuen Pflänzchen durch den Verkauf in alle Himmelsrichtungen verstreut werden, gehören die Abkömmlinge genetisch gesehen alle zum selben Individuum. Oder sollte besser die einzelne Pflanze als Individuum angesehen werden? Was ist dann aber die Gesamtheit dessen, was aus einem einzelnen Samen entstanden ist?

Botaniker lösen dieses Dilemma, indem sie von einem genetischen Individuum und einem Teilindividuum sprechen. Das genetische Individuum ist dabei die Gesamtheit des Klons und umfasst alles pflanzliche Material, das aus einem einzelnen Samen hervorgegangen ist. Die einzelnen Tochtersprosse sind dann die Teilindividuen, die einzelnen Pflanzen des Klons.

Weil ungeschlechtliche Vermehrung lediglich eine besondere Form des Wachstums darstellt, keiner Bestäubung und Befruchtung bedarf und keine Samenbildung erfordert, könnte ein Klon theoretisch ewig weiterwachsen. Er würde immer größer werden, sich immer weiter ausbreiten und, solange mindestens ein Teilindividuum vorhanden ist, immer älter werden.

In der Natur gibt es Situationen, die diesem Gedankenspiel sehr nahe kommen. Da gibt es z. B. die Krumm-Segge *(Carex curvula)*, ein drahtig aussehendes Sauergras, das häufig in alpinen Rasen anzutreffen ist. Die Pflanze ist klonal, da sie an der Basis stets neue Sprosse bildet und damit im Durchmesser ständig zunimmt. Wissenschaftler des Botanischen Instituts der Universität Basel interessierte das Alter und die Größe der Klone, weshalb sie die Klone der Krumm-Segge näher untersucht haben. Doch wie erkennt man in einer Alpenmatte, welcher Stängel zum selben Seggenklon gehört? Sie sehen ja alle gleich aus und tragen kein Schild, auf dem die Klonnummer steht. Hier haben sich die Botaniker der DNA-Analyse bedient, dieser modernen Technik, die für Biologen genauso wichtig geworden ist wie für Kriminalisten und Archäologen. Anhand der genetischen Fingerabdrücke konnten die Forscher genau feststellen, welcher Stängel zu welchem Seggenklon gehört, da es innerhalb eines Klons keine genetischen Unterschiede und somit auch keine Unterschiede im DNA-Muster gibt.

Das Ergebnis war verblüffend: Ein Klon, den die Forscher identifizieren konnten, wies einen Durchmesser von etwa anderthalb Metern auf und bestand aus über 7000 Stängeln. Aus früheren Untersuchungen war die Wachstumsrate der Krumm-Segge bekannt, sodass die Wissenschaftler das Alter dieses Klons errechnen konnten. Ergebnis: etwa 2000 Jahre. Inzwischen hatte man in den Karpaten sogar Klone der Krumm-Segge gefunden, die etwa 5000 Jahre alt sind, also so alt wie die ältesten Bäume der Erde.

Die Klone anderer Pflanzenarten erreichen ein noch ganz anderes Alter und ganz andere Ausmaße. Schilf *(Phragmites australis)*, die größte heimische Grasart, bildet lange unterirdische Ausläufer, die beständig sind und scheinbar für alle Zeiten im Boden verbleiben. Sie treiben immer wieder aus und bilden neue Halme. Auf diese Weise sind im Donaudelta Schilfklone entstanden, deren Alter auf 8000 Jahre geschätzt wird.

Jeder, der den Südwesten der USA schon einmal im Herbst bereist hat, wird das farbenprächtige Bild der Amerikanischen Zitter-Pappeln *(Populus tremuloides)* in Erinnerung behalten, die mit ihrem gelben bis roten Laub die Landschaft verzaubern.

Wer genauer hinsieht, dem fällt auf, dass jeweils Gruppen von nahe beieinanderstehenden Bäumen in etwa dieselbe Laubfärbung aufweisen, während andere Gruppen einen anderen Farbton zeigen. Das liegt daran, dass hier verschiedene Klone einen Wald aus Zitter-Pappeln bilden, bei dem die Baumstämme eines Klons unterirdisch miteinander verbunden sind. Jeder Klon entspricht dabei einem genetischen Individuum und das Laub des einen wird vielleicht etwas früher gelb als das Laub eines anderen. So setzt sich der Pappelwald aus einem Mosaik unterschiedlicher Klone zusammen. Bereits 1976 hat man einen Klon dieses Baums beschrieben, der eine Fläche von etwa 200 mal 400 Meter einnahm, aus 47 000 Baumstämmen bestand und dessen Alter auf 10 000 Jahre geschätzt wurde – kaum vorstellbar, dass dieser Riesenklon vor so vielen Jahren aus einem einzigen winzigen Pappelsamen hervorgegangen ist.

Ähnlich verhält es sich mit dem Kreosotbusch *(Larrea tridentata)*, der in den USA im Death Valley und in der Mojave-Wüste das Land mit eintönigem Olivgrün überzieht. Der Wüstenstrauch wächst langsam nach außen, indem er an seiner Basis neue Stämmchen bildet. Die inneren Teilpflanzen sterben ab, sodass sich mit der Zeit ein Strauchring bildet, vergleichbar mit dem Hexenring bestimmter Pilze. Die Sträucher eines solchen Rings gehören alle zum selben Klon, wobei manche Klone auf ein Alter von 11 000 Jahren geschätzt werden. Der Zeitpunkt, an dem der Samen eines solchen Klons gekeimt haben muss, fällt mit dem Ende der letzten Eiszeit zusammen. Die heutigen Wüstengebiete der USA und des angrenzenden Mexiko waren damals nicht vereist, aber sehr viel feuchter, da sich die Eiszeit hier als Regenzeit auswirkte. Als das Klima dann allmählich trockener wurde, konnte der Kreosotbusch aus dem Süden einwandern.

Manche Pflanzen vermehren sich überhaupt nur auf ungeschlechtlichem Wege. Ein Beispiel hierfür ist der Nickende Sauerklee *(Oxalis pes-caprae)*, der im warmen Südeuropa häufig anzutreffen ist und dort ganze Äcker und Gärten mit seinen gelben Blüten überziehen kann. Er bildet Unmengen von Brutknöllchen, die durch landwirtschaftliche Geräte und Bodenbearbeitung leicht verschleppt werden. Ursprünglich stammt er aus Südafrika und ist in Europa verwildert, wo er keine Samen bilden kann. Das liegt daran, dass es in seiner Heimat drei verschiedene Formen mit unterschiedlichen Blüten gibt, von der es jedoch nur eine bis ins Mittelmeergebiet geschafft hat. Die Blüten der verschiedenen Formen unterscheiden sich ähnlich wie bei unseren Schlüsselblumen in der Länge der Griffel bzw. der Staubblätter und können sich nur untereinander bestäuben. Daher vermehren sich die europäischen Vertreter nur mittels Brutknöllchen, denn eine Bestäubung bleibt ihnen verwehrt.

Bisher habe ich von Landpflanzen gesprochen. Aber auch im Meer kommen Pflanzen vor, die sich durch Klonen am Leben erhalten. Die Sargassosee, die die amerikanische Meeresbiologin und Umweltaktivistin Rachel Carson als einen Ort beschreibt, der von den Winden vergessen wurde, ist Schauplatz einer merkwürdigen Lebensgemeinschaft. Er liegt südlich der Bermudainseln und stellt einen ruhigen Fleck inmitten des Atlantiks dar, wo riesige Ansammlungen von Beerentang im Wasser dümpeln. Hier, in der extrem windstillen Ecke des Ozeans, haben sich all die Algenfetzen gesammelt, die sich von der Küste Floridas sowie den Küsten der Westindischen Inseln losgerissen haben und dann von der ruhigen Sargassosee wie ein Stück Holz, das sich in einem Wasserstrudel verfangen hat, eingefangen wurden. Der Beerentang vermehrt sich hier hauptsächlich ungeschlechtlich, indem er ständig neue Sprosse bildet und die Pflanze auseinanderbricht, um wieder auszutreiben. Die schwimmenden Tanggärten müssen schon seit Tausenden von Jahren existieren, denn in ihnen leben eigentümliche Tiere, die es nur hier gibt: bestimmte Nacktschnecken, kleine Fische und Krabben, angepasst an ein Leben im Tang über dem Abgrund. Wer sich nicht halten kann, sinkt mehrere Kilometer in die Tiefe. Die einzelnen Beerentangpflanzen können Jahrzehnte bis Jahrhunderte alt werden. Rachel Carson schreibt dazu: «Es kann gut sein, dass einige der

Pflanzen, die Sie sehen, wenn Sie diesen Ort aufsuchen, auch von Kolumbus und seiner Mannschaft gesehen wurden.»

Das wässrige Milieu scheint Klonalität zu beflügeln, denn auffallend viele Wasserpflanzen vermehren sich ungeschlechtlich. Der Schwimmfarn *(Salvinia molesta)*, eine Wasserpflanze aus dem tropischen Südamerika, hat die Fähigkeit zur geschlechtlichen Fortpflanzung sogar gänzlich verloren und vermehrt sich nur noch ungeschlechtlich. Er stellt ein Extrem klonalen Wachstums dar, denn alle Pflanzen dieser Erde sind genetisch identisch. Dieser globale «Superklon» wurde durch den Menschen auf alle Kontinente gebracht und entwickelte sich in tropischen Gebieten zu einem gefürchteten Unkraut, das in kurzer Zeit ganze Wasserkanäle und Seen zudecken kann. Der Klon vermehrt sich an vielen Orten der Welt gleichzeitig und wird kaum je wieder von der Erde verschwinden.

Klonale Pflanzen sind faszinierend und zeigen, dass bei Pflanzen vieles unklar ist: Alter, Größe und Individualität. Wie alles im Leben hat jedoch auch klonales Wachstum Vor- und Nachteile. Der Vorteil ist offenkundig: Die Samenbildung ist unnötig. Samen zu bilden ist kompliziert, es braucht eine erfolgreiche Übertragung des Pollens und kleine Keimlinge sind sehr empfindlich. Da ist das Bilden von Tochterpflanzen mittels Wachstum viel einfacher. Den Nachteil stellt das Fehlen jeglicher genetischer Unterschiede zwischen den klonalen Nachkommen dar: Hier kann es keine Weiterentwicklung, keine Evolution geben, da ohne Variation der Erbanlagen keine Anpassung möglich ist. Sollten sich die Wachstumsbedingungen zuungunsten einer klonalen Pflanze ändern, kann dies ihr Schicksal besiegeln. Dies kann auch der Fall sein, wenn sich ein Krankheitserreger ausbreitet, für den der Klon sehr sensitiv ist. Denn verschiedene Klone zeigen eine ganz unterschiedliche Empfindlichkeit gegenüber Krankheitserregern. Das kann von vollkommener Unempfindlichkeit oder Resistenz bis zu einem hohen Grad an Anfälligkeit reichen. Wir kennen das selbst von der gewöhnlichen Grippe. Taucht hier im Winter ein Stamm von Grippeviren auf, bekommen manche Menschen ein bisschen Halsweh und Schnupfen, andere fesselt die Krankheit für zwei Wochen ans Bett. Genauso ist es bei Pflanzen.

So brach in den 1970er Jahren in Europa die als Ulmensterben bekannte Holländische Ulmenkrankheit aus, die durch einen eingeschleppten Pilz verursacht wurde. Sie raffte allein in England über 25 Millionen Ulmen hinweg, von denen die allermeisten zu einem bestimmten Klon der Englischen Ulme *(Ulmus procera)* gehörten. Dieser wurde vegetativ vermehrt und gepflanzt, ausgehend von Bäumen, die die Römer vor etwa 2000 Jahren hergebracht hatten. Der Ulmenklon war gegenüber diesem Pilz wehrlos, der Pilz konnte sich ungehindert ausbreiten und der Ulmenklon ging ein.

Dieses Beispiel zeigt etwas ganz Wesentliches: Klonales Wachstum birgt Risiken. Ändern sich die Wachstumsbedingungen, sei es durch eine Veränderung des Klimas oder durch das Auftreten eines Erregers, kann dies ein Nachteil für die Pflanze sein. Das ist wahrscheinlich auch der Grund, warum die meisten klonalen Pflanzenarten trotz allem auf eine Samenbildung nicht verzichten.

11.
Vom Winde verweht

Als Kind haben Sie sicher schon einmal den Fruchtstand einer Pusteblume oder eines Löwenzahns gepflückt, mit aller Kraft auf die silbergraue Kugel geblasen und dann zugesehen, wie die kleinen Früchtchen mit ihren Fallschirmen vom Wind fortgetragen werden. Von Windverbreitung soll hier die Rede sein.

Solch eine Löwenzahnfrucht ist ein Meisterwerk pflanzlicher Konstruktion und der Löwenzahn gesellt sich zu einer Vielzahl anderer Pflanzenarten, die ihre Nachkommen dem Wind anvertrauen. Früchte mit Fallschirmen sind bei den Korbblütlern, zu denen der Löwenzahn zählt, besonders häufig. Beim Löwenzahn bestehen sie aus weißlichen Strahlen an einem langen dünnen Stiel, an dessen unterem Ende das Samenkorn hängt; die kurzen und weichen Stacheln auf der Oberfläche des Samens sorgen dafür, dass die Frucht beim Landen hängen bleibt. Bei anderen Pflanzen aus der Familie der Korbblütler ist der Schirm viel auffälliger und größer. So beim Wiesen-Bocksbart *(Tragopogon pratensis)*, der seine Samen mit einem komplex gebauten Flugapparat ausstattet. Die Schirmchen werden bis zu vier Zentimeter breit und ihre Strahlen sind verzweigt, dadurch entsteht ein dichter, schon fast gewobener Verband von kreuzweise verschränkten Seitenstrahlen. Auch hier hängt der Samen an einem langen, dünnen Stiel, wodurch der Schwerpunkt nach unten verlagert wird und der Schirm eine perfekte Balance erhält. Tatsächlich diente dieses Bauprinzip als Vorbild für die Konstruktion von Fallschirmen.

Wie weit fliegt solch ein Samen? Die Länge des Reiseweges eines Schirmchenfliegers ist eine physikalische Angelegenheit, die von mehreren Einflussgrößen abhängt. Da ist einmal die Absprunghöhe. Natürlich wird ein Samen eine größere Distanz zurücklegen können, wenn er an einem hohen Stängel losgelassen wird. Der Löwenzahn verlängert daher seinen Stängel um das Zwei- bis Vierfache, wenn die Samen heranreifen, ein Phänomen, das auch andere Korbblütler zeigen. Weiter von Bedeutung sind das Gewicht des Flugapparates, die Größe des Schirmes und damit die Sinkgeschwindigkeit. Wenn eine Frucht der Acker-Kratzdistel *(Cirsium arvense)* in einem geschlossenen Raum fallen gelassen wird, sinkt sie mit einer Geschwindigkeit von etwa 26 Zentimeter pro Sekunde oder knapp einem Stundenkilometer zu Boden. Langsames Sinken bedeutet eine lange Verweildauer in der Luft, und damit kann der Samen eine lange Strecke zurücklegen, sofern der Wind bläst. Die Stärke des Windes ist natürlich eine andere Einflussgröße, ebenso das Vorhandensein oder Fehlen thermischer Aufwinde. Vögel und Segelflieger wissen um die Luftströmungen, die von unten kommen, weil sich die Luftmassen über einem warmen Boden erwärmen und nach oben steigen. Das lässt sich auch beim Löwenzahn beobachten. So steigen seine kleinen Fallschirme an einem sonnigen Tag über einem Pflastersteinweg auf, während sie in der angrenzenden und kühleren Wiese sinken.

Windverbreitung im Pflanzenreich wird aber nicht nur durch Fallschirme bewerkstelligt. Da gibt es auch Drehflieger wie die Früchte des Ahorns, die mit einem großen Flügel ausgestattet sind. Wie der Rotor eines Hubschraubers drehen sie sich im Wind. Die Drehbewegung verlangsamt das Sinken, was wiederum die Distanz zwischen dem Mutterbaum und dem Landeort erhöht; schließlich ist Sinn und Zweck der Flugsamen, möglichst weit wegzukommen. Auch die Samen der meisten Kiefern sind Drehflieger, hier sind die Flügel aber klein im Vergleich zu den Ahornbäumen.

Sehr oft kommen aber auch haarige Anhängsel zum Einsatz, wie bei den Weiden. Die luftigen und wolligen Früchte sammeln sich in solchen Massen an, dass sie wie Schaum auf den Flüssen dahintreiben und gleich Schneeflocken von den Bäumen wehen.

Und welche Distanzen legen solche Früchte nun zurück? Bei der Sal-Weide *(Salix caprea)* und beim Löwenzahn können es schon zehn Kilometer oder mehr sein. Allerdings sind solche langen Wege eher die Ausnahme, die meisten Samen landen in der näheren Umgebung der Pflanzen. Die Samen der Wald-Kiefer *(Pinus sylvestris)* hingegen schaffen etwa tausend Meter, sie sind zu schwer, um weite Distanzen zurücklegen zu können.

Im Innern eines Waldes ist es meist windstill. Da bringen Schirme oder Schrauber die Samen nicht weit genug. Besser ist ein Gleitflug – noch dazu ein möglichst langsamer. In den tropischen Regenwäldern Asiens wächst eine Liane, die geradezu spektakuläre Gleitfrüchte hervorbringt. Die Samen der Liane namens *Alsomitra macrocarpa* sind etwa erbsengroß und von einem hauchdünnen und zwanzig Zentimeter breiten Flügel umgeben. Die Frucht gleicht in Form und Position des Schwerpunktes einem Nurflügelflugzeug. In der Luftfahrt besteht ein solches Fluggerät aus einem Rumpf, bei dem die Flügel auf jeder

Seite ein Dreieck aufspannen, sodass das gesamte Flugzeug einem einzigen Flügel gleicht. Die Frucht der Liane gleitet auf ihrem riesigen Flügel elegant und langsam durch die Lüfte und entfernt sich so hundert Meter oder mehr von der Mutterpflanze, sofern sie nicht vorher an einen Ast oder an Blätter stößt.

Eine Pflanze, deren Höhenflüge besonders genau untersucht wurden, ist das Kanadische Berufkraut *(Conyza canadensis)*. Als Korbblütler sind seine Samen ebenfalls mit einem Schirmchen versehen, die nur wenige Millimeter breit sind. Ansonsten gehört das Kanadische Berufkraut nicht gerade zu den Pflanzen, denen man besondere Aufmerksamkeit schenkt. Die kleinen weißen Blütenköpfchen öffnen sich kaum, und ist die Pflanze vertrocknet, wirken ihre struppigen Stängel nicht gerade ansehnlich. Das Kanadische Berufkraut ist je nach Wuchsbedingungen unterschiedlich groß, und auf einem guten Boden kann ein einzelnes Exemplar 100 000 oder mehr Samen bilden. In Nordamerika ist das Kanadische Berufkraut sehr häufig und ein gefürchtetes Unkraut. Wenn es sich in einem Feld ausbreitet, kann das den Ertrag um neunzig Prozent vermindern – eine gewaltige Einbuße für den Farmer. Kein Wunder, dass es bekämpft wird. Bei uns kommt das Franzosenkraut ebenfalls vor, wie die Pflanze auch genannt wird, weil sie bereits im 17. Jahrhundert in Frankreich eingeführt und bald massenhaft beobachtet wurde.

Eine Forschergruppe der Cornell University in Ithaca, USA, wollte genau wissen, wie weit die Samen dieser Pflanze fliegen können, und vor allem auch, wie hoch sie aufsteigen. Sind es ein paar Dutzend Meter oder Hunderte von Metern? Die Biologen benutzten für ihre Untersuchungen ferngesteuerte Modellflugzeuge, um sich ein Bild davon zu machen, wie viele Samen in der Luft umherfliegen. Sie statteten die Fluggeräte mit Samenfallen aus, mit denen sie die Samen einfangen konnten. Sie brachten allerhand Elektronik und Messgeräte in den kleinen Flugzeugen unter, um die genaue Flughöhe und Fluggeschwindigkeit bestimmen zu können. Eine Samenfalle bestand aus einem feinmaschigen Netz, das auf breite, kurze Plastikrohre geklebt wurde.

Die Forscher befestigten ihre Samenfallen so unter den Flügeln der Modellflugzeuge, dass das Netz in Flugrichtung schaute und die Luft durch das Netz strömte. Auf diese Weise wurde ein Samen unweigerlich aufgefangen und blieb im Rohr stecken. Eine Vorrichtung erlaubte zudem, die Samenfallen mittels Fernsteuerung zu öffnen oder zu schließen. Sie ließen sich nämlich drehen, und in geschlossenem Zustand standen sie quer, sodass der Luftstrom nicht mehr durch das Netz floss. Damit konnten die Biologen gezielt verschieden hohe Luftschichten nach Samen absuchen, so, wie Meeresbiologen mit Planktonnetzen Proben aus unterschiedlichen Wassertiefen holen.

So standen die Biologen an sonnigen Tagen – bei gutem Flugwetter, denn an regnerischen Tagen sind die kleinen Schirmfrüchte verklebt und können nicht fliegen – mit ihren Fernsteuerkonsolen am Rande eines großen Feldes, das von samentragenden Pflanzen des Kanadischen Berufkrautes übersät war. Sie steuerten ihre technischen Assistenten für jeweils dreißig Minuten und mit einer Geschwindigkeit von 96 Stundenkilometern in einer bestimmten Höhe über das Feld. Nach einer halben Stunde wurde gelandet, die Proben entnommen, aufgetankt, und schon war es Zeit für den nächsten Flug.

Anhand ausreichender Proben ermittelten die Wissenschaftler die durchschnittliche Anzahl Samen in Abhängigkeit von der Höhe. Wie zu erwarten war, nahm die Menge der Samen ab, je höher die Proben genommen wurden. Der erstaunlichste Befund war aber, dass selbst in der höchsten geflogenen Luftschicht – etwa 140 Meter über dem Boden – Samen des Kanadischen Berufkrautes vorhanden waren, wenngleich in sehr kleiner Menge. Im Schnitt kamen zwei Samen auf ein Volumen von 1000 Kubikmeter Luft, das ist die Menge an Samen in 140 Meter Höhe. Das scheint nicht viel, ist aber von großer Bedeutung, denn eine einfache Überschlagsrechnung zeigte den Forschern, dass ein einzelner Samen über 500 Kilometer weit fliegen kann, wenn er bei günstigen Bedingungen in solche Höhen erhoben wird. Und dies an einem Stück, ohne Zwischenlandung. In Bodennähe sind die Windverhältnisse längst nicht so verlässlich wie auf 100 Metern oder mehr über dem Boden; in diesen Höhen weht der Wind stärker und vor allem beständiger. Ist ein Samen erst einmal in der Luftströmung, wird er weit fortgetragen. Für die Besiedlung eines neuen Standortes genügt schließlich ein einziger Samen.

Die Forscher interessierten sich für die Ausbreitungsfähigkeit des Unkrauts, weil eine herbizidresistente Form auftrat und sie wissen wollten, wie rasch diese Form sich ausbreiten kann. So wie bei der Evolution von Bakterienstämmen, die gegen Antibiotika resistent werden, treten bei Unkräutern zunehmend Formen auf, denen das Spritzmittel nichts mehr anhaben kann. Das Spritzen fördert die Ausbreitung solcher resistenter Formen, und wenn man weiß, wie stark sich diese Pflanzen verbreiten, können gezielte Maßnahmen zur Eindämmung des Unkrauts geplant werden.

Die Ergebnisse zeigen aber auch etwas ganz Grundsätzliches: die Bedeutung des sogenannten Ferntransportes. Darunter verstehen Biologen die seltene Fähigkeit eines pflanzlichen Samens oder auch einer Fliege oder Spinne, außergewöhnlich lange Distanzen zurückzulegen, sei es durch Wind oder durch Meeresströmungen. Man weiß noch so wenig über den Ferntransport. Wie auch soll er erfasst werden? Schließlich ist es unmöglich, einem einzelnen Samen hinterherzulaufen.

Die Forscher wollten etwas über die Ausbreitungsfähigkeit des Kanadischen Berufkrautes erfahren, und daher störte es sie sicher nicht, als nach der Veröffentlichung der Ergebnisse in einer Fachzeitschrift sich prompt ein Australier zu Wort meldete. Er publizierte in derselben Zeitschrift eine kurze, aber interessante Notiz. Demnach hatten australische Zoologen in den siebziger Jahren mit einem Kleinflugzeug ein Netz durch die Lüfte gezogen, weil sie sich für die Höhenverteilung von Insekten interessierten. Dabei gingen ihnen auch pflanzliche Samen ins Netz – von einer bestimmten Pflanzenart, dem Vierzähnigen Greiskraut *(Senecio quadridentatus)* sogar in einer Höhe von

610 Metern über dem Boden. Das entspricht zwei übereinandergestellten Eiffeltürmen.

Ferntransport oder Fernverbreitung spielen – auch wenn sie nicht oft vorkommen – in der Natur eine immens wichtige Rolle, etwa für die Besiedlung abgelegener Inseln. Die einzigartige Flora und Fauna der Hawaii-Inseln oder der Galapagos-Inseln gehen auf Pflanzen und Tiere zurück, die dank solcher seltenen Ereignisse die große Distanz zwischen Festland und der neuen Heimat zurücklegen konnten.

12.
Die Palme mit der Nabelschnur

Es braucht kräftige Arme, um die größte und schwerste Frucht des gesamten Pflanzenreichs hochzuheben. Sie stammt von der Seychellen-Palme *(Lodoicea maldivica)* und bringt bis zu zwanzig Kilogramm auf die Waage. Eine Frucht besitzt meist zwei Samen, jeder von ihnen ist mehrere Kilogramm schwer. Diese Palmenart ist einzigartig und wächst ausschließlich auf den Seychellen, einer kleinen Inselgruppe im Indischen Ozean. Für Biologen stellt der Baum ein einziges Rätsel dar. Warum produziert er solch große Früchte? Wie kam die Palme auf die Inseln? Warum gibt es sie nur auf den Seychellen? Wie verbreitet sie sich?

Letzteres ist an sich schon eine spannende Geschichte. Die Palme wächst auf den Seychellen üppig und bildet regelrechte Palmenwälder, bei Wind schlagen die Blätter mit einem lauten Klacken aneinander. Die Bäume erreichen etwa dreißig Meter Höhe, und am Ende des Stammes, an der Basis der riesigen Blattwedel, reifen die Früchte heran. Da kann schon einmal eine halbe Tonne Früchte im Baum hängen, was eine erhebliche Belastung für den Stamm darstellt. Undenkbar, dass sich solch eine Frucht ausbreiten kann, den Ort des Entstehens verlässt und woanders hingelangt. Sie kann nur vom Baum herunterplumpsen, ganz nach dem Motto: «Der Apfel fällt nicht weit

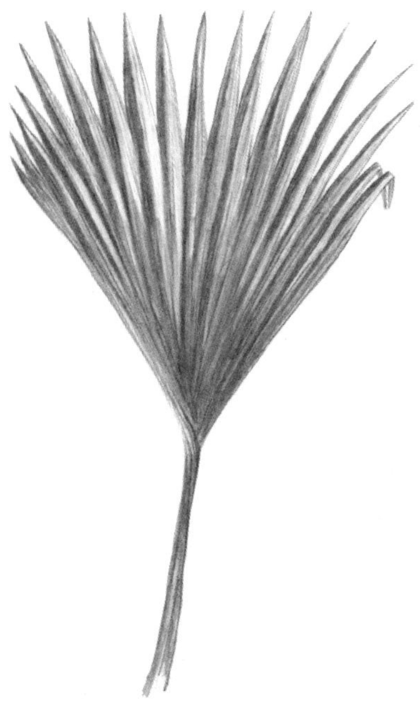

vom Stamm.» Steht die Palme am Hang, wird die Frucht vielleicht herunterkollern, auf ebenem Gelände aber landet sie unter dem Kronendach der Mutterpflanze. Tiere, die solche Früchte verbreiten könnten, gibt es auf den Seychellen nicht. Das müssten ohnehin sehr große Tiere sein, die mit solchen Fruchtmonstern etwas anfangen könnten.

Wenn die Samen eines Baumes aber einfach herabfallen und sich am Grunde des Stammes ansammeln, ergibt sich ein Problem. Die Jungbäume werden sich gegenseitig erdrücken, und das kann nicht im Sinne des Erfinders sein. Tatsächlich entstehen die Jungbäume der Seychellen-Palme aber in einer gewissen Distanz zu ihrer Frucht. Wie ist denn das möglich?

Die Seychellen-Palme wächst nur auf den Seychellen und bringt die größten Früchte des Pflanzenreichs hervor.

Die Evolution hat hier eine erstaunliche Lösung gefunden, um dem Dilemma der gegenseitigen Unterdrückung zu entkommen: Aus der Frucht wächst zunächst eine Nabelschnur. Der Trieb, der aus dem Samen herausschaut, strebt erst einmal wie bei jeder anderen Pflanze auch senkrecht nach unten in den Boden. In etwa 30 bis 60 Zentimeter Tiefe geschieht aber etwas Merkwürdiges: Der Strang wechselt die Wuchsrichtung und kriecht nun waagrecht durch den Boden. Er kann bis zu zehn Meter lang werden. Am Ende gedeiht dann eine junge Palme, die sich mit ihren Wurzeln verankert und heranwächst. Durch die Nabelschnur fließen all die Kohlenhydrate und Nährstoffe vom Nährgewebe des Samens zum heranwachsenden Keimling, so lange, bis er auf eigenen Füßen steht. Mit der Zeit stirbt die Nabelschnur ab. So erreichen die jungen Seychellen-Palmen neue, noch unbesetzte Flecken auf ihrer Insel, auch wenn sich die Nüsse unter der Mutterpflanze anhäufen.

Das Ganze dauert. Man hat den Eindruck, dass die Seychellen-Palme alle Zeit der Welt hat, dass sie auf ihrer Insel nicht eiligst den Konkurrenten zuvorkommen muss. Bis die Samen reif sind, können bis zu sieben Jahre verstreichen. Vom Auskeimen bis zur Bildung der Jungpflanze vergehen nochmals mehrere Jahre. Die Nabelschnur selbst bleibt bis zu vier Jahre bestehen. Die Geduld und der große Rucksack, den die Seychellen-Palme für ihre Nachkommen aufbringt, haben jedoch ihren Preis. Eine Seychellen-Palme produziert in ihrem Leben viel weniger Samen als eine andere Baumart vergleich-

barer Größe. Selbst unter den Palmen betreibt die Seychellen-Palme einen ausgesprochen geringen Reproduktionsaufwand, wie Biologen die Aufwendungen für die Bildung von Früchten nennen. Die Strategie dieser besonderen Palme lautet: möglichst große Früchte, dafür nur wenige.

Doch warum müssen die Früchte so groß sein? Das erinnert doch an Inselgigantismus. Darunter verstehen Biologen ein Phänomen, das sich auf vielen ozeanischen Inseln beobachten lässt, die vom Festland weit entfernt sind. So manche Pflanzen- und Tierart ist an solchen Orten oftmals größer als ihre Nächstverwandten auf dem Festland. Ein klassisches Beispiel aus dem Tierreich sind die Riesenschildkröten auf den Galapagos-Inseln. Das Phänomen lässt sich aber auch bei Pflanzen beobachten, beispielsweise auf den Kanarischen Inseln: Hier gedeihen Gänsedisteln, die bis zu zwei Meter hoch werden können und als Strauch wachsen, während auf dem Festland Gänsedisteln lediglich krautige Pflanzen sind. Oder die vielen Arten an Natternkopf auf den Kanaren. Der gewöhnliche Natternkopf, der auch in Deutschland vorkommt, ist eine krautige Pflanze von etwa einem halben Meter Höhe. Auf Teneriffa hingegen bringt der Wildpret-Natternkopf Blütenkerzen von zwei bis drei Metern Höhe hervor – zur Blütezeit ein spektakuläres Bild, das sich in der Umgebung des Vulkans Teide bietet.

Bei der Seychellen-Palme zeigt sich der Gigantismus nicht nur in der Größe der Samen. Auch die Blätter von Jungpflanzen sind in ihrem Ausmaß gigantisch, verglichen mit anderen Palmenarten. Eine Besonderheit von Palmen ist ja, dass sie zunächst einmal nur Blätter bilden, bevor sie einen Stamm aufbauen. Junge Dattelpalmen etwa bestehen nur aus einem Blattschopf, der dem Boden entspringt. Die Blattwedel junger Seychellen-Palmen sind rekordverdächtig: Sie ragen bis zu sechzehn Meter in die Höhe und sind somit so groß wie kleine Bäume. Auch die Blütenstände sind eindrucksvoll. Die einzelnen Blüten sitzen auf Kätzchen, ähnlich wie bei unseren Weiden. Nur wird die Verkleinerungsform den Dimensionen nicht gerecht, denn die

Blütenkätzchen der Seychellen-Palme werden ein bis zwei Meter lang und sind armdick.

Die Frage nach dem Warum hängt mit einer anderen Frage zusammen. Woher stammt die Seychellen-Palme? Was sind ihre Nächstverwandten? Pflanzengeographen sehen in der Seychellen-Palme eine alte isolierte Art, ohne nähere Verwandtschaft auf dem afrikanischen Festland. Die Palmenart ist endemisch, findet sich also ausschließlich auf den Seychellen. Mehr noch, ihr Vorkommen ist auf lediglich zwei der vielen Inseln des Archipelagos beschränkt, nämlich auf Praslin und Curieuse. Wurde sie vor langer Zeit angeschwemmt? Die Nüsse der Seychellen-Palme sind jedoch nicht schwimmfähig wie eine Kokosnuss, dafür sind sie einfach zu schwer. Und keine einzige Palmenart in Afrika besitzt auch nur annähernd so große Früchte. Nein, die Art muss sich auf den Inseln selbst entwickelt haben. Ihre Vorfahren müssen Palmen mit kleineren und vor allem schwimmfähigen Früchten gewesen sein, denn nur solche Früchte können an den Strand einer einsamen Insel gespült werden. Eine Verbreitung durch Tiere lässt sich ausschließen. Zwischen den Seychellen und dem nächstgelegenen Festland liegen 1500 Kilometer Meer, und für die Verbreitung durch Vögel sind alle Palmensamen zu schwer.

Biologen sehen alles im Lichte der Evolution. Wenn ein Baum so schwere Nüsse bildet, muss das einen Grund haben. Das kann kein Zufall sein, denn die Produktion ist für den Baum sehr aufwendig: Das heranreifende Samengewebe in den Früchten verschlingt eine Unmenge an Stärke und Eiweiß, die die Mutterpflanze zur Verfügung stellen muss. Wenn die Seychellen-Palme aus einer Art mit kleinen Früchten hervorgegangen ist, muss ein Selektionsdruck vorhanden gewesen sein – Lebensumstände, unter denen Bäume mit großen Samen einen Vorteil gegenüber kleinsamigen Bäumen hatten.

Wissenschaftler haben zwei Szenarien entwickelt, die die Evolution solch großer Früchte erklären könnten, ich nenne sie hier die Schattenhypothese und die Schwesternzank-Hypothese.

Beide erfordern lange Zeiträume, die auf den Seychellen aber gegeben sind. Die Inseln sind uralt, ja sie sind die ältesten Inseln unserer Weltmeere überhaupt. Der Granit, aus dem die größeren Inseln bestehen, geht auf die Zeiten zurück, als der Urkontinent Gondwana auseinanderzubrechen begann. Das geschah im Jura vor etwa 213 bis 144 Millionen Jahren.

Die Idee der Schattenhypothese beruht auf klimatischen Veränderungen seit dieser Zeit, insbesondere auf einer Periode trockenen Klimas auf den Inseln und in Afrika. Für einen geschlossenen Wald war es zu dieser Zeit zu trocken, und die Seychellen waren von einer savannenartigen Landschaft bedeckt, offen und lichtreich. Eine Palmenart wuchs in dieser Savanne, die die Inseln schon früher von Afrika aus erreicht hatte. Ihre Früchte waren klein und sie war an ein lichtreiches Leben gewohnt.

Doch dann veränderte sich das Klima erneut und es wurde feuchter. Die Niederschläge nahmen zu und es entwickelte sich ein dichter Regenwald auf den Inseln. Und damit verringerte sich auch die Lichtmenge, die den Boden erreichte. Für einen Baumkeimling im Schatten ist es aber das Wichtigste, möglichst rasch ans Licht zu kommen, also möglichst rasch nach oben zu wachsen. Das bedingt einen reichhaltigen Nahrungsvorrat, sprich einen großen Samen, um dem Keimling ein rasches Wachstum zu ermöglichen. Also hätte sich gemäß der Schattenhypothese aus der Savannen-Palme eine Palme mit großen Früchten gebildet, als Anpassung an die zunehmend spärlichen Lichtverhältnisse.

Nun ist es aber für Palmen etwas schwieriger, ans Licht zu gelangen, als für andere Bäume. Die Evolution hat Palmen nicht mit dem ausgestattet, womit unsere Laub- und Nadelbäume in die Höhe wachsen: der Bildung eines breiten Baumstammes. Es leuchtet ein, dass mit zunehmender Größe einer Pflanze auch der Stützapparat kräftig werden muss, soll er nicht vom Wind umgeknickt werden. Palmen sind diesbezüglich benachteiligt und sie wachsen anders in die Höhe. Die Basen der Blätter verholzen und türmen sich mit der Zeit dachziegelartig übereinander – eine Dattelpalme führt dies geradezu bilderbuchhaft vor Augen.

Doch zurück zur Evolution der Seychellen-Palme. Damit der junge Baum möglichst rasch an Höhe gewinnt und ausreichend Licht bekommt, haben sich Blätter entwickelt, die sehr lang werden und darauf angelegt sind, die oberen Schichten des Waldes zu erreichen. Also hat sich nach der Schattenhypothese die Selektion auf starkes Blattwachstum und somit auf einen großen Samen ausgewirkt.

Im Gegensatz dazu geht die Schwesternzank-Hypothese von einem anderen Szenario aus. Auf den Seychellen fehlte es an Tieren, die die Samen der Ursprungspalme verbreiteten. Auf dem afrikanischen Festland werden Palmnüsse von allerhand Tieren fortgetragen – Affen etwa, die gerne auch mal hineinbeißen. Größere Samen werden auch von Elefanten verzehrt und verbreitet. Das ist wie bei den Eichhörnchen, die Bucheckern naschen – die meisten verschwinden im Magen, doch einige werden verstreut und gelangen an eine andere Stelle. Auf den Seychellen aber fielen die Früchte der Vorfahren-Palme einfach auf den Boden und sammelten sich dort an. Niemand kam vorbei, um sie aufzulesen und die eine oder andere Frucht woanders hinzubringen. Wenn ein fruchttragender Baum seine Früchte fallen lässt und die jungen Bäume unter der eigenen Krone heranwachsen, kommt es unweigerlich zu Konkurrenz. Zum einen zwischen den Schwestern untereinander, zum anderen zwischen den Jungbäumen und der Mutterpflanze. Das führt zu starker Selektion, die diejenigen Individuen fördert, die aus einem besonders großen Samen hervorgegangen sind und deshalb besonders gut wachsen – oder eine Nabelschnur entwickeln. Über die Jahrmillionen könnten sich so die Riesenfrüchte der Seychellen-Palme mit ihrem besonderen Wuchsverhalten entwickelt haben.

Welches der beiden Szenarien das richtige ist, lässt sich kaum eruieren. Denkbar ist, dass beide Mechanismen in der Evolution der Seychellen-Palme am Werk waren.

Die Riesennüsse dieser ungewöhnlichen Palme sind der Grund dafür, dass sie vom Aussterben bedroht ist. Die Inselbewohner sammeln eifrig die Nüsse – zu eifrig in den Augen von Biologen, die den Baumbestand genau untersucht haben. Die Nüsse werden halbiert, um das Innere zu entnehmen, dann sorgfältig wieder geschlossen und als Souvenir an Touristen verkauft. Eine Nuss bringt zwischen 190 und 450 Euro, und der Verkauf geschieht ganz offiziell durch die «Seychelles Island Foundation». Sie braucht das Geld, um die Bestände schützen zu können, aber es werden leider zu viele Früchte gesammelt, weshalb das langfristige Überleben der einzigartigen Seychellen-Palme nicht gesichert ist.

13. Warten auf den Regen

Die Mittel und Wege, mit denen Pflanzen ihre Samen möglichst weit zu verbreiten versuchen, sind enorm mannigfaltig. Die Aktiven unter ihnen schleudern ihre Samen aus eigener Kraft in die Gegend, wie das Springkraut, das ich Ihnen in Kapitel 7 vorgestellt habe, oder wie die Spritzgurke *(Ecballium elaterium)*, ein Kürbisgewächs des Mittelmeerraumes. In den grünen Früchtchen mit ihren dicken Schalen reifen die Samen heran, das Gewebe im Inneren zerfällt und wird matschig. Gleichzeitig entsteht ein Überdruck. Ist der Druck hoch genug, passiert es: Die Frucht reißt vom Stiel ab und der gesamte Inhalt einschließlich der kleinen Samen spritzt rückwärts durch die enge Öffnung heraus, wie ein Wasserstrahl aus dem Schlauch.

Doch sich von anderen helfen zu lassen, ist noch wirkungsvoller. Windenergie oder die Muskelkraft von Tieren sind die besseren Optionen, denn nur so können auch wirklich große Distanzen zurückgelegt werden. Von Windverbreitung habe ich in Kapitel 11 schon gesprochen. Bei Pflanzen wie dem Kletten-Labkraut *(Galium aparine)* hingegen verfangen sich die Früchte dank zahlreicher Widerhaken im Fell von Tieren oder in Ihren Kleidern und gehen so als Hitchhiker auf Wanderschaft.

Ein paar wenige Pflanzenarten haben sich aber auf ein anderes Hilfsmittel spezialisiert. Sie sehen es auf Regentropfen ab, um sich zu verbreiten. Sie nutzen die Energie des Aufschlages eines Wassertropfens, um die Samen in alle Himmelsrichtungen zu schleudern. Eine effiziente Methode, die aber einige besondere Anforderungen an die Bauweise der Früchte und der Samen stellt.

Zu solchen Regenverbreitern gehört das Wechselblättrige Milzkraut *(Chrysosplenium alternifolium)*, das im zeitigen Frühjahr an schattigen und feuchten Stellen in Wäldern anzutreffen ist. Das niedrig wachsende Pflänzchen fällt durch seine gelbgrünen Blüten auf, an manchen Stellen wächst es so dicht, dass es den Boden mit einem kleinen Teppich überzieht. Es lohnt, eine Lupe zur Hand zu nehmen und sich die Fruchtstände dieses Gewächses einmal genau anzusehen. Dann erkennt der Betrachter die Samen als winzige braune Kügelchen, die wie Ostereier in einer Schale präsentiert werden. Glatt wie Murmeln erscheinen sie, da gibt es weder Rillen noch sonst irgendwelche Strukturen auf der Oberfläche. Die Schalen entsprechen den geöffneten Kapseln und ihre Anordnung fällt auf. Sie sind alle waagrecht ausgerichtet, unabhängig davon, ob sie an der Spitze der Pflanze stehen oder am Ende eines Seitenstängels. Wie ein vielarmiger Blumentopfständer werden die kleinen Samen in ihren Schüsseln bereitgehalten, in der Hoffnung, dass ein schwerer Regentropfen heruntersaust und mit einem kräftigen Platsch die Samen auseinanderstieben lässt.

Der Vorgang ist eine ballistische Angelegenheit, deren Erfolg von verschiedenen Faktoren abhängt: vom Gewicht des Samens, von der Größe und damit dem Gewicht des Regentropfens und von der Form der Schale. Es macht einen Unterschied, ob die Schale eher flach ist oder steile Wände besitzt. Ein japanischer Wissenschaftler der Nagasaki-Universität interessierte sich für die Regentropfenverbreitung und hat den Mechanismus eingehend untersucht. Hiroki Nakanishi wollte vor allem herausfinden, welche Distanzen die Samen bei solchen Pflanzen zurücklegen können. Doch wie will man das untersuchen? Die Flugbahn oder die zurückgelegte Distanz der Samen in freier Natur zu erfassen, ist ein Ding der Unmöglichkeit. Nur ein Experiment im Labor kann solche Daten liefern.

So baute Nakanishi einen Versuch auf, der bezüglich Materialaufwand und Apparaturen geradezu primitiv erscheinen mag im Vergleich zu anderen Experimenten, bei denen teure Laborausrüstung und Messinstrumente eingesetzt werden. Doch die Methode richtet sich nach der Fragestellung, und in der ökologischen Grundlagenforschung werden oftmals mit einfachsten Mitteln erstaunliche Ergebnisse zutage gefördert.

Der Wissenschaftler wählte für seine Untersuchungen 19 Pflanzenarten aus zehn verschiedenen Familien aus, bei denen er vermutete, dass die Samen durch Regen verbreitet werden. Das wollte er zunächst beweisen. Unter den Pflanzen befanden sich Milzkräuter, Enziane, ein Ehrenpreis und einige Gattungen, die der europäischen Flora fehlen. Alle zeigen das typische Präsentieren der Samen auf offenen Tellern. Nakanishi stellte fruchttragende Pflanzen der verschiedenen Arten im Freien auf, die Hälfte von ihnen schirmte er mit einem Dach ab. So waren sie vor Regen geschützt und dienten als Kontrollgruppe. Bei jeder wissenschaftlichen Untersuchung benötigt man eine Kontrollgruppe, um die Wirkung einer Einflussgröße zu beweisen. Bei den Pflanzen, die Nakanishi untersuchte, könnte ja schließlich auch der Wind die Samen wegblasen. Ohne Kontrollgruppe könnte er den Effekt des Windes nicht vom Effekt des Regens unterscheiden. Der Wind aber hatte zu allen Töpfen Zugang, alle seine Pflanzen waren ihm in gleicher Weise ausgesetzt. Nach jedem Regenguss prüfte Nakanishi seine Versuchspflanzen und fand, dass die Fruchtstände bei den ungeschützten Pflanzen tatsächlich geleert wurden, nicht aber bei den geschützten. Dies schließt Windverbreitung aus und weist eindeutig auf eine Verbreitung durch Regentropfen hin.

Wie weit fliegen die Samen? Um das herauszufinden, baute er einen weiteren Versuch auf. Im Grunde genommen muss man ja lediglich die Samen auffangen, die nach allen Seiten verstreut werden, es braucht also Samenfallen, die in gewissen Abständen zur Versuchspflanze stehen. Nakanishi setzte eine einzelne Testpflanze in einen Topf und platzierte diesen auf einem Teppich. Zwei Meter senkrecht über einem Fruchtstand montierte er ein wassergefülltes Glasrohr mit einem Hahn, so konnte er Regentropfen simulieren. Um die Versuchspflanze herum ordnete er Plastikschälchen an – in konzentrischen Kreisen bis zu 120 Zentimeter Abstand vom Topf. Sie dienten als Samenfallen. Die Plastikschälchen füllte er mit Wasser, so wird ein Samen, der in die Schale fliegt, vom Wasser aufgefangen und nicht aus der Schale wieder herausgeworfen. Der Teppichboden war wichtig, denn damit verhinderte er, dass Samen, die zwischen den Schalen landen, nicht wieder vom Boden weggeschleudert wurden und indirekt in eine der Schalen gelangten. Dies würde die Versuchsergebnisse beträchtlich verfälschen.

Durch Auszählen der Samen in den Samenfallen und durch viele Wiederholungen des Versuchs konnte Nakanishi die mittlere und maximale Verbreitungsdistanz für jede Art ermitteln. Natürlich flogen die Samen der verschiedenen Pflanzenarten ganz unterschiedlich weit. Wenn auch die meisten von ihnen in die Schalen in der unmittelbaren Nähe der Versuchspflanze gelangten, flogen einige wenige doch auch in die Schalen am Rande der Versuchsanordnung. Den Rekord machte eine Milzkrautart mit 116 Zentimetern maximaler Verbreitungsdistanz. Den letzten Rang nahm mit 42 Zentimetern ein Mastkraut ein.

Ich habe oben bereits erwähnt, dass die Distanz unter anderem vom Gewicht des Samens abhängt. Tatsächlich sind die Samen des Rekordhalters eher schwer im Vergleich zu den anderen Arten, doch gibt es nur einen sehr vagen Zusammenhang zwischen Samengewicht und Verbreitungsdistanz. Andere Faktoren spielen da ebenfalls eine Rolle.

Die Samen sind jedoch allesamt klein und leicht. Beim

Milzkraut sind sie nicht größer als einen halben Millimeter. Verglichen mit der Samengröße aber sind die Verbreitungsdistanzen durch Regentropfen geradezu erstaunlich groß! Würde man die Samen des Rekordhalters auf Tennisballgröße hochrechnen, ergäbe sich eine Verbreitungsdistanz von über 350 Metern. Allerdings hätte dann auch der Regentropfen einen Durchmesser von ein bis zwei Metern.

Zu den Regenballisten, wie Botaniker diese Pflanzen nennen, gehört auch die Doldige Schleifenblume *(Iberis umbellata)*. Die einjährige Pflanze mit ihren rosa Blüten stammt aus dem Mittelmeerraum und ist in Gärten sehr beliebt. Der Mechanismus ist hier ein bisschen anders als beim Milzkraut, denn die kleinen Früchte stehen als Ganzes waagrecht am Stiel, ohne sich zu öffnen. Erst beim Auftreffen eines Regentropfens zerspringt die Frucht wie eine Vase, die zu Boden fällt, und die Samen werden bis zu 80 Zentimeter weit fortgeschleudert. Besonders raffiniert ist, dass die Fruchtstiele bei trockener Witterung nach innen gekrümmt sind, sodass die Früchte nicht aus Versehen anderweitig aufplatzen. In diesem Fall könnten die Samen nicht so weit verbreitet werden. Ist die Luft aber feucht und regnerisch, spreizen sich die Fruchtstiele, und die kleinen Früchte werden für den kommenden Regen bereitgehalten.

Eine ganz andere Form der Regenverbreitung findet sich bei der Rose von Jericho, die sich einrollen und eine Trockenstarre einnehmen kann. Botanisch gesehen gibt es zwei Arten, die unter dem Namen «Rose von Jericho» bekannt sind. Anton Kerner beschreibt in seinem Buch «Die Pflanzengestalt und ihre Wandlungen» aus dem Jahre 1913 das Wesen dieser merkwürdigen Pflanzen:

«Als die bekanntesten hierhergehörigen Fälle seien zunächst zwei Pflanzen hervorgehoben, welche unter dem Namen ‹Rose von Jericho› schon im Mittelalter von Kreuzfahrern und Pilgern ihres seltsamen Verhaltens wegen aus dem Orient nach Europa gebracht und mit den verschiedensten Fabeln ausgeschmückt wurden. Die eine ist *Anastatica hierochuntica*, eine Kruzifere, die in den Wüsten Ägyptens, Arabiens und Syriens verbreitet und dadurch ausgezeichnet ist, dass sich ihre Äste zur Zeit der Fruchtreife bogenförmig einwärts krümmen, wodurch die zahlreichen, an den Enden der Verästelungen sitzenden, geschlossenen, birnförmigen Schotenfrüchte wie von einem festen Gitter umgeben und gegen alle möglichen Angriffe geschützt werden. Sie hat jetzt die Form eines Knäuels oder einer geschlossenen ‹Rose› und verharrt in diesem Zustand so lange, wie sie trocken bleibt. Sobald sie befeuchtet wird, öffnet sich die Rose, d. h., die Äste gehen auseinander und strecken sich gerade. Auch die Früchtchen öffnen sich dann, und die Samen können durch auffallende Wassertropfen aus den Fruchtklappen fortgespült werden.»

Die zweite Art trägt den wissenschaftlichen Namen *Asteriscus pygmaeus* und ist wie die Sonnenblume ein Korbblütler. Sie wächst von der nördlichen Sahara bis Palästina. Beide Arten kugeln sich in der Trockenzeit ein und erst mit dem Einsetzen der Winterregen werden die Samen verbreitet, damit diese auch einen durchfeuchteten Boden vorfinden und keimen können.

14.
Wenn Bambus in die Jahre kommt

Wussten Sie, dass aus Bambus Fahrräder hergestellt werden? Richtige, fahrtüchtige Fahrräder. Die beweglichen Teile bestehen freilich aus Metall, sie haben auch ganz normale Reifen, aber die Rahmen, die Schutzbleche und ein paar weitere Teile sind aus Bambus gefertigt. Dieses Gras ist die vielleicht vielseitigste Nutzpflanze überhaupt. Wofür man Bambus alles verwenden kann! In Shanghai, der 13-Millionen-Stadt im Osten Chinas, herrscht ein Bauboom sondergleichen, an allen Ecken und Enden werden Hochhäuser errichtet. Und erst die Baugerüste! Zahllose Bambusstangen sind zu einem Gerüst zusammengeknotet, hohe Stangen stehen senkrecht, der dickere Teil ist nach unten, die Spitze nach oben gerichtet, kürzere Stangen verbinden diese Hauptträger und bieten den Stegen Halt; diese sind oft genug aus aneinandergereihten Bambusrohren gefertigt. Bambus scheint hier für alles eine Verwendung zu finden. Frauen bringen ihre Waren mit traditionellen Bambusträgern zum Markt: Ein etwa anderthalb Meter langes, in der Längsrichtung gespaltenes Bambusrohr wird über der Schulter balanciert, an jedem Ende hängt an drei Ketten ein großer Korb – natürlich aus Bambus gefertigt. Aus Bambus werden aber auch Hüte, Fußmatten, Zwischenwände, Baracken, Möbel, Schachteln und Stöcke gemacht. Und die jungen Triebe landen als Gemüse im Wok.

Nicht nur die Nützlichkeit des Bambus ist bemerkenswert, sondern auch die Biologie. Im Folgenden möchte ich auf die Lebensweise des Bambus etwas näher eingehen.

Bambus ist nicht gleich Bambus. Botaniker unterscheiden mehr als tausend verschiedene Arten, die unter diesem Sammelbegriff zusammengefasst werden und in Größe und Gestalt variieren. Aber alle gehören zu den Süßgräsern, genauso wie die Grashalme auf den Wiesen oder der Mais. Die größte Bambusart trägt den wissenschaftlichen Namen *Dendrocalamus giganteus* und wird bis zu vierzig Meter hoch. Doch der Durchmesser der Halme beträgt nur etwa 30 Zentimeter. Das macht den großen Unterschied zwischen einem Baum und dem Riesenbambus aus: dieselbe Höhe, aber anstelle des Stamms eine vergleichsweise dünne Stange, die zudem noch hohl ist. Zweifelsohne, ein Bambus ist anders konstruiert, und so verwundert es nicht, dass diese Pflanzen ein äußerst festes und widerstandsfähiges Material liefern. Besonders viele Arten wachsen im tropischen und subtropischen Asien, und von hier stammen auch die meisten Beobachtungen über ein wahrhaft einmaliges und immer noch rätselhaftes Phänomen in der Pflanzenwelt: das Bambusblühen.

Nun ist es ein ganz normaler Vorgang, dass eine Pflanze zu einer bestimmten Zeit Blüten bildet und anschließend ihre Samen heranreifen. Auf unseren Wiesen blühen die verschiedenen Arten im Laufe eines Jahres auf, die einen im zeitigen Frühjahr, die anderen erst im Herbst: eine Abfolge von Blüten, ein alljährlich wiederkehrendes Farbenspiel. Auch die Apfelbäume setzen jedes Jahr Blüten an, nur die Jungbäume sind noch nicht so weit und brauchen noch ein paar Jahre bis zur ersten Blüte.

Bestimmte Bambusarten verhalten sich jedoch völlig anders. Sie blühen nur einmal, dafür aber alle Pflanzen gleichzeitig. Ganze Bambuswälder kommen eines Tages zum Blühen, obwohl sie jahrzehntelang keine einzige Blüte hervorgebracht haben. Doch nicht nur das: Nach der Samenreife sterben sämtliche Pflanzen ab, vertrocknen, zerfallen und von dem Bambushain bleibt nichts mehr übrig. Eine synchronisierte Inszenierung eines Auf- und Abblühens mit weitreichenden Folgen für die Tierwelt.

So verhält sich auch die häufigste Bambusart Chinas, der Große Holz-Bambus *(Phyllostachys bambusoides).* Mit seinen grünen Riesenhalmen bildet er eindrucksvolle Bambuswälder. Die Pflanze blüht so selten, dass die meisten Menschen in ihrem ganzen Leben keine einzige Blüte zu Gesicht bekommen. Und wenn sie massenhaft blüht, ist das für die Geschichtsschreiber Grund genug, das Ereignis festzuhalten. So wurden Blühjahre für einen Bestand dieser Art bereits für die Jahre 919 und 1114 dokumentiert. Aufgrund späterer Aufzeichnungen von Blühjahren zeigte sich, dass diese Bambusart nur etwa alle 120 Jahre blüht. Weil aber die Pflanzen nach der Fruchtreife absterben, vergehen erneut so viele Jahre, bis die nächste Generation herangewachsen und für sie die Zeit gekommen ist, sich zu vermehren.

Damit kommen wir der Besonderheit des Bambus schon näher. Ein Bambuswäldchen besteht aus gleich alten Pflanzen, sie sind aus Samen hervorgegangen, die im selben Jahr auf den Boden fielen, und die Jungpflanzen wuchsen gleichzeitig auf. Also folgt eine Generation auf die nächste. Das ist der Unterschied zu unseren Bäumen, die in einem Wald ganz unterschiedlich alt sind: Jungbäume stehen zusammen mit Bäumen im besten Alter neben solchen, die bereits so groß und morsch geworden sind, dass sie anfällig für Windwurf sind und wohl bald umfallen werden. Hinzu kommt, dass viele Bambusarten Klone bilden – Sie erinnern sich an Kapitel 10, wo ich über ungeschlechtliche Vermehrung gesprochen habe –, also Pflanzen, die unterirdisch miteinander verbunden sind und allesamt aus einem einzelnen Samen hervorgegangen sind. Meist sind Bambushaine einfach riesige Bambusklone.

Das räumliche Ausmaß blühender Bambuspflanzen kann enorm sein; in Indien blühte der Kalkutta-Bambus *(Dendrocalamus strictus)* auf einer Fläche von über dreitausend Quadratkilometern – das ist eine Fläche etwa dreimal so groß wie das Riesengebirge in den Sudeten.

Nun zeigen aber nicht alle Bambusarten solch ein synchronisiertes Blühen, und diejenigen Arten, die gleichzeitig aufblühen, haben ganz unterschiedliche Blühintervalle. Der amerikanische Ökologe Daniel Janzen hat sich einmal die Mühe gemacht, die Blühereignisse vieler verschiedener Bambusarten aus der wissenschaftlichen Literatur, aus naturkundlichen Notizen und anekdotischen Beobachtungen zusammenzutragen, und fand Zeitspannen, die von ein paar wenigen Jahren bis zu 150 Jahren reichen; die meisten Arten brauchen ein paar Jahrzehnte bis zum Blühen.

Warum das alles? Wie konnte es geschehen, dass die Evolution dem Bambus ein solches Verhalten aufgezwungen hat? Man sollte doch meinen, dass regelmäßiges Blühen und Fruchten am besten gewährleistet, dass sich eine Pflanze vermehren kann und wenigstens ein paar Samen es schaffen, den Fortbestand der Art zu sichern. Und warum überhaupt so lange warten, um dann unter Selbstaufopferung die Nachkommenschaft zu sichern? Hundert Jahre und mehr zu warten, bis endlich einmal geblüht werden darf, und dann noch dabei draufgehen – macht das Sinn?

Eine mögliche Erklärung ergibt sich, wenn man beobachtet, was nach einem Bambusblühen geschieht, wenn die Samen reif geworden sind. Dann bietet sich dem Beobachter ein Schauspiel der ganz besonderen Art.

Wenn Bambus fruchtet, stellt sich eine Fressorgie sondergleichen ein, denn es regnet förmlich Nahrungspakete von den Pflanzen und der Bambushain wird zu einem Schlaraffenland. Der Boden sei zehn bis fünfzehn Zentimeter dick von den Samen zugedeckt worden, hieß es in einer Beschreibung aus dem Jahre 1879. Die Samen sind oft nicht größer als Reiskörner, aber von einigen Bambusarten fallen birnengroße Früchte herunter. Ein Landvermesser in Indien berichtete 1867, dass er nicht weiterarbeiten konnte, weil die schweren Früchte von *Melocanna bambusoides* so zahlreich herniederprasselten, dass sie seinen Theodoliten und Feldtisch zu zerschlagen drohten.

Natürlich zieht das Tiere an. Sie kommen zuhauf, denn ein solches Festmahl gibt es für diejenigen, auf deren Speisezettel Sämereien stehen, nicht alle Tage. Ob Nager oder Vogel, sie kommen alle, aus nah und fern, um sich den Bauch vollzuschlagen. Pestratten, Bambusratten, Sumpfratten, Reisratten, die Kafferatte – einst ein gefürchteter Schädling in Kaffeeplantagen –, Grasmäuse, Stachelschweine, Wildhühner, Fasane und Webervögel, Wildschweine und verwilderte Hausschweine – sie alle stellen sich ein und fressen sich satt.

Eine Beobachtung aus Burma zeigt die Bedeutung eines Bambusblühens besonders eindrucksvoll. An einer Stelle in der Nähe eines Dorfes namens Taungbon stellten sich normalerweise jeden Morgen Hunderte von Java-Bankivahühnern ein. Eines Morgens aber war der Platz wie leergefegt, kein einziger Vogel zeigte sich. Sie waren alle in einen Bambuswald geflogen, der einige Kilometer entfernt geblüht hatte und jetzt Früchte trug.

Nun ist es aber nicht so, dass fruchtender Bambus nur für ein paar wenige Tage vorhanden und dann der Spuk vorbei ist. Die Gleichzeitigkeit des Blühens und Fruchtens ist zu relativieren, denn wenn Bambus in die Blüte kommt, kann das mehrere Monate oder sogar mehrere Jahre andauern. Aber was ist das schon gegenüber den 120 Jahren, die zwischen zwei Blühereignissen liegen! Die Tierwelt hat also für eine bestimmte Zeit einen stets üppig gedeckten Tisch und reichlich Gelegenheit, sich zu vermehren. Vor allem die vielen kleinen Nagetiere mit ihren kurzen Generationszeiten vermehren sich rasant. Wenn Bambus fruchtet, schnellt ihre Anzahl in die Höhe. Auch die Zahl der Ratten nimmt zu und damit das Ausmaß der Rattenplagen, wie aus früheren Berichten zu ersehen ist. So zerstörten auf Madagaskar an die 50 Millionen Ratten die benachbarten Felder, weil ein Bambushain blühte. Ratten sind ungemein fleißig im Zeugen von Nachkommen, wenn die Bedingungen gut sind; bereits mit zwei oder drei Monaten kann das Tier Junge bekommen. Zoologen beobachten schon seit langem, dass bei einem Bambusblühen viele Tierarten mehr Junge als üblich zur Welt bringen und dass die Tiere früher geschlechtsreif werden als in normalen Jahren.

Doch alles hat einmal ein Ende. Auf das große Fressen folgt das böse Erwachen. Wenn keine Samen mehr von den Bambuspflanzen herunterfallen, brechen die Tierbestände rapide ein. Die Java-Bankivahühner können freilich woanders hinfliegen, aber all die Tiere, die ihre Territorien vor Ort haben und kein Migrationsverhalten zeigen, sind zum Darben verurteilt. Die übermäßig vielen Tiere können sich nämlich nicht mehr ausreichend ernähren, weil die üblichen Nahrungsquellen nicht genügen. Es gibt nichts mehr zu fressen! Die Tiere werden schwach, anfällig für Krankheiten, fallen Räubern zum Opfer und bringen nur wenige Junge zur Welt. Eigentlich ein grausames Spiel, das hier in der Natur abläuft. Was ist der Sinn des seltenen Übermaßes von Bambusfrüchten?

Ökologen wie Janzen sehen darin eine Strategie, um die Pflanzenfresser loszuwerden oder wenigstens ihre Anzahl auf ein erträgliches Maß zu bringen. Denn ein Bambusblühen bringt so viele Samen hervor, dass die Tiere versorgt werden können und trotzdem noch genügend viele Samen übrigbleiben, um die nächste Generation des Bambus zu gründen. Schließlich kann es nicht im Interesse der Pflanze sein, wenn sämtliche Samen verspeist werden, da hätte sich die Art nicht lange auf der Erde halten können. Durch das Phänomen des seltenen Ansetzens von

Früchten, dann aber in rauer Menge, könne verhindert werden, dass samenfressende Tiere alle Samen eines Jahrgangs verschlingen. Die Pflanze trickst die Tiere auf gemeine Art und Weise aus, indem sie sie ab und zu mit Nahrung vollstopft, bloß um sie daraufhin sterben zu lassen und so den Bestand kontrollieren zu können.

So weit die Theorie. Sie erinnert an die Mastjahre mancher unserer Bäume wie der Buche, die alle paar Jahre auffallend viele Bucheckern bildet. Auch hier gehen Biologen von einer Verteidigung gegen Samenfresser aus. Die Theorie erklärt allerdings noch nicht, warum manche Bambusarten 100 Jahre oder mehr warten, bis sie blühen. Da stecken möglicherweise noch andere Geheimnisse dahinter.

Wie aber wird die Synchronisation des Bambus bewerkstelligt? Das gleichzeitige Blühen ist ein erstaunliches Phänomen. Selbst Pflanzen von dem Bestand an *Phyllostachys bambusoides*, den ich oben erwähnte und die in andere Erdteile gebracht wurden, folgten streng nach dem 120-Jahresplan. So blühten in den späten sechziger Jahren Pflanzen, die aus diesem Bestand nach England, in den Staat Alabama der USA und nach Russland gebracht worden waren – gleichzeitig, als ob sich die Pflanzen mittels Telepathie verständigt hätten. Gerade die Tatsache, dass das synchronisierte Blühen unabhängig vom Wuchsort abläuft, zeigt etwas Besonderes. In den Pflanzen muss eine innere Uhr stecken. Und diese muss aufgezogen werden, sobald ein Samen keimt. Dann ist die Pflanze programmiert, nach 120 Jahren wird geblüht und gefruchtet, und nichts in der Welt kann sie davon abhalten. Ob die Sprosse groß oder klein sind, spielt keine Rolle. Es muss keine Mindestgröße erreicht werden, um zu blühen. Das auslösende Moment kann auch nicht von den klimatischen Bedingungen abhängen, auch nicht von der Temperatur, denn das Intervall ist viel zu lange, und die verpflanzten Bambusschößlinge zeigen ja, dass der Blühzeitpunkt nicht von den Außenbedingungen gesteuert werden kann.

Ein Zyklus also, gesteuert von einem Mechanismus innerhalb

der Pflanze. Worin er besteht, ist freilich noch nicht bekannt. Für manche Tiere, wie etwa den Pandabären *(Ailuropoda melanoleuca),* bedeutet Bambusblühen eine ernste Gefahr, denn dann versiegt eine wichtige Nahrungsquelle für die selten gewordenen Pflanzenfresser. Zwar ernähren sich Pandabären nicht ausschließlich von Bambus, aber die Pflanze macht doch den größten Teil ihrer Kost aus. Freilich, die ärgste Bedrohung für die Tierbestände ist die Zerstörung des Lebensraumes durch Rodung und Straßenbau. Dadurch verschwinden große Flächen an Bambuswäldern, und der Pandabär kann nicht ausweichen und anderenorts Futter finden.

ZUSAMMENLEBEN

15.
Das Gesetz der Selbstausdünnung

Hinter diesem merkwürdigen Begriff verbirgt sich ein Phänomen, das für Pflanzen in ihren Lebensräumen von größter Bedeutung ist. Es handelt sich dabei nicht um die Eigenschaften einer bestimmten Pflanzenart oder die Besonderheiten eines außergewöhnlichen Lebensraumes, vielmehr geht es um die Bedingungen des Zusammenlebens vieler einzelner Pflanzen auf engem Raum.

Ob die moosigen Fichtenwälder im hohen Norden oder die Bergmatten der Alpen – wenn das Klima stimmt und genügend Wasser, Licht und Nährstoffe vorhanden sind, präsentiert sich das Pflanzenkleid auf der Erde als eine geschlossene, dichte Vegetation, wo jeder freie Fleck genutzt wird. Eine Wiese ist so dicht, dass Grashalm neben Grashalm steht, dazwischen drängen sich noch Margeriten, Klee und Glockenblumen. Eine eng geflochtene Decke einzelner Pflanzen, die in der Erde einen noch viel dichteren Filz aus Wurzeln bilden: Gibt es da nicht Streit unter den Nachbarn? Wird da nicht um Wasser, Licht und Platz gefochten? Genau darum geht es, um das Rangeln um die Ressourcen und um Platzprobleme.

Sicher sind Sie schon einmal an einer Baumschule vorbeigekommen und haben junge Fichten in Reih und Glied stehen sehen. Die kleinen Bäumchen sind alle ungefähr gleich groß und die Gärtner haben sie in einem bestimmten Abstand zueinander gesetzt: eine Reihe neben der anderen, die Bäume sind so regelmäßig angeordnet wie Soldaten beim Appell. Nun lassen Sie sich einmal von solch einer Baumplantage zu folgendem Gedankenexperiment inspirieren: Angenommen, die Jungbäume sind kniehoch und in einem Abstand von einem halben Meter zueinander gepflanzt. Ausgewachsene Fichten aber sind große Bäume bis über 50 Meter Höhe. Angenommen, die Jungbäume werden auf dem Feld der Baumschule nun einfach stehen gelassen und sie wachsen heran. Was wird geschehen? Können aus sämtlichen Jungbäumen 50-Meter-Fichten werden? Die hätten ja alle einen Stammdurchmesser von mehr als einem halben Meter, das würde schon deshalb nicht gehen. Nein, irgendwann wird es akute Platzprobleme geben und ein gnadenloser Überlebenskampf wird einsetzen, den die Biologen lapidar Konkurrenz nennen. Nur wenige Bäume werden siegreich daraus hervorgehen und schließlich Zapfen mit Samen bilden. Da werden Bäume durch die Nachbarn verdrängt und durch Licht- und Nährstoffentzug zu einem kümmerlichen Dasein gezwungen – sie werden nur langsam wachsen und dürftige Zweige hervorbringen. Diese Bäume werden sich nicht halten können und eingehen. Andere Bäume wachsen etwas rascher, vielleicht weil sie die Veranlagung dazu haben oder zufällig ein besonders nährstoffreiches Stück Erde unter den Wurzeln vorfinden. Diese Bäume werden ihre Zweige mit den Nadeln zur Sonne strecken können, sich behaupten und das Rennen machen. Werden die Jungbäume also immer größer, gibt es Opfer und es sterben nach und nach Bäume ab. Dies hat zur Folge, dass die Zahl der Bäume auf der gesamten Fläche abnimmt – die Dichte wird geringer. Nur ein paar wenige werden schließlich zu stattlichen Fichten heranwachsen können.

Das Ganze hat also mit Dichte zu tun. Anfangs ist die Dichte hoch, am Ende ist sie gering. Würde ein Gärtner einmal im Jahr die Dichte erfassen, in einem Notizbuch festhalten und die Werte in einer Grafik darstellen, könnte man die stetige Abnahme der Dichte im Laufe der Zeit klar erkennen. Doch dies ist nur die eine Seite der Medaille. Weil sich die Größe der Bäume während des Heranwachsens ändert, verhält sich die Größe der einzelnen Bäume umgekehrt proportional zu ihrer Dichte. Je größer die Bäume, desto geringer die Dichte. Der Vorgang ist bei Förstern als Selbstausdünnung bestens bekannt; der Bestand reguliert sich gleichsam selbst, stellt seine Einwohnerzahl je nach ihrer Größe auf den zur Verfügung stehenden Raum ein.

Machen Sie noch einen anderen Versuch: Nehmen Sie eine Ansaatschale, füllen diese mit Erde und platzieren Sonnenblumensamen, ebenfalls in Reih und Glied – sagen wir, in einem Abstand von einem Zentimeter. Die Samen keimen, die kleinen Pflänzchen werden immer größer und kräftiger, und was geschieht dann? Richtig, nicht alle können zu ausgewachsenen Sonnenblumen werden, auch hier wird eine Selbstausdünnung stattfinden.

Nun leuchtet es ein, dass sich eine solche negative Beziehung zwischen Größe und Dichte bei Pflanzen zeigt – schließlich wachsen alle Pflanzen und werden größer. Verblüffend ist jedoch, dass diese Beziehung immer gleich ist, egal ob eine Baumart, eine stattliche Staude oder eine winzige einjährige Pflanze untersucht wird. Die Beziehung lässt sich mit einer mathematischen Formel beschreiben:

$$D \approx k \times G^{-3/2}$$

Das D steht für die Dichte, das G für das durchschnittliche Gewicht der Pflanzen, und k ist eine Konstante. Das Gewicht oder die Biomasse einer Pflanze ist das beste Maß für ihre Körpergröße; aber Volumen oder Höhe tun es auch. In Worte gefasst lautet das Gesetz: Die Dichte verhält sich proportional zum Gewicht hoch minus drei Halbe. Für einen Vorgang in der komplexen Natur eine ziemlich einfache Formel! Selbstverständlich ergibt sich die Beziehung aus einer Vielzahl von Messreihen, weshalb es nicht ganz korrekt wäre, das Gleichheitszeichen in die Formel zu setzen. Schließlich handelt es sich hier um einen empirischen Befund und nicht um eine mathematische Ableitung. Aber Ökologen sind auch mit einer Annäherung schon zufrieden.

Die Beziehung zwischen Dichte und Größe nennen Ökologen das Gesetz der Selbstausdünnung. Für sie ist der Zusammenhang etwas ganz Besonderes, denn er stellt so etwas wie ein Naturgesetz dar, eine allgemein gültige Beziehung. Biologie und Ökologie im Besonderen sind Wissenschaften, bei denen im Gegensatz zu Mathematik, Physik und Chemie – den exakten Naturwissenschaften – kaum allgemeine Gesetzesmäßigkeiten vorkommen, denn die Vorgänge in der belebten Natur sind zu komplex und von zu vielen verschiedenen Faktoren beeinflusst. Das Gesetz der Selbstausdünnung scheint hier eine rare Ausnahme zu sein.

Wie stieß man auf das Gesetz und warum lautet die Formel so und nicht anders? Japanische Agronomen haben 1963 die Befunde anhand von Untersuchungen zum Ertrag bestimmter Anbaumethoden veröffentlicht. Den Grund für die empirische Beziehung erklären Biologen mit dem Verhältnis des Volumens zur Grundfläche. Wenn ein junger Baum heranwächst, nimmt er eine bestimmte Fläche ein, die Standfläche des Baumes, was dem Stammdurchmesser auf Bodenhöhe entspricht. Eine Fläche ist bekanntlich ein zweidimensionales Gebilde. Weil der Baum aber auch in den Himmel wächst, nimmt er Volumen ein und füllt somit einen bestimmten Raum aus, der dreidimensional ist. Nun ist die Volumenzunahme im Verhältnis zur Flächenzunahme während des Wachstums aber rascher, und das erklärt die $-3/2$ in der Formel. Das Volumen steht hier stellvertretend für das Gewicht – Förster rechnen in Kubikmeter Holz und nicht in Kilogramm. Natürlich verhält sich das Volumen proportional zum Gewicht.

Land- und Forstwirte wissen schon lange um die Selbstausdünnung und das damit verbundene dichteabhängige Wachstum. Sie wählen eine optimale Dichte, wenn sie ein Feld bestellen oder einen Forst pflanzen, und Förster dünnen den Wald aus, um das Wachstum der Bäume nicht zu behindern. Die Dichte soll einen maximalen Ertrag gewährleisten, aber nicht so hoch sein, dass Pflanzen durch Selbstausdünnung eingehen. In der Landwirtschaft gilt ab einer bestimmten Dichte nicht mehr, dass doppelt so viele Pflanzen auch einen doppelt so hohen Ertrag liefern – sehr zum Leidwesen der Agronomen. Wenn Sie also an einem Roggenfeld vorbeikommen und Halm an Halm grenzt, so hat der Bauer eine optimale Pflanzdichte gewählt, um Selbstausdünnung zu vermeiden, aber dennoch maximalen Ertrag zu erwirtschaften.

Nun haben Selbstausdünnung und Konkurrenz eine Nebenwirkung, die einen unberührten und sich selbst überlassenen Wald zu einem Ort der Wildnis macht. Nicht nur, dass abgestorbene Bäume herumliegen, die Unterschiede zwischen den einzelnen Pflanzen einer Art sind meist sehr groß. Der Überlebenskampf, das Ringen um Licht und Wasser, das Verkümmern der Verlierer und das Gedeihen der Sieger führen dazu, dass sich der Bestand einer Pflanzenart bald aus unterschiedlich großen Pflanzen zusammensetzt. Das verleiht dem Wald eine vielfältige Struktur: Gruppen von Jungbäumen wechseln sich mit alten Bäumen ab, auf einem alten, umgestürzten Baum siedelt sich Moos an, bald wachsen winzige Baumkeimlinge und andere Pflanzen heran, Pilze sprießen dazwischen hervor, der Boden ist mal von Moos bedeckt, mal von Gras – eine strukturelle Vielfalt, die einen hohen Artenreichtum nach sich zieht. Wie gegensätzlich und geradezu langweilig ist da ein gepflegter Fichtenforst, wo der Förster die natürlichen Prozesse ausschaltet, indem er selektiv Bäume entfernt und einen Bestand gleichartiger Bäume heranzieht.

Selbstausdünnung lässt sich in der freien Natur häufig beobachten. Buchen zum Beispiel tragen in manchen Jahren besonders viele Früchte, und im Frühling des Folgejahres ist der Boden des Waldes übersät von Buchenkeimlingen, die alle etwa gleich groß sind. Dicht an dicht stehen sie und decken den Boden vollständig zu. Nach wenigen Jahren schon bietet sich ein gänzlich anderes Bild: Die meisten Keimlinge sind verschwunden, nur einige sind gewachsen und haben die Größe von Sträuchern erreicht. Von ihnen werden wiederum nur einige wenige bis in den Kronenbereich emporwachsen.

Selbstausdünnung ergibt sich zwangsläufig, weil Pflanzen

festsitzende Organismen sind. Jungtiere können sich ein neues Revier suchen, wenn es eng wird und alle Plätze schon belegt sind. Pflanzen streben ebenfalls eine maximale Besetzung des Raumes an, und das kann nur erreicht werden durch eine hohe Anzahl Nachkommen. Eine hohe Sterblichkeit wird dabei von vorneherein mit eingeplant. Daher ist die Anzahl Samen, die eine Pflanze bildet, meist hoch und kann bei Bäumen astronomische Zahlen erreichen. Die meisten Vertreter der neuen Generation einer Pflanze, die Keimlinge, gehen jedoch ein – sie überleben den Kampf um Wasser, Licht und Raum nicht.

16.
Im Reich der Kannen

Neulich traf ich im Botanischen Garten Berlin eine Schulklasse an, die gerade an einem Beet mit sogenannten fleischfressenden oder karnivoren Pflanzen vorbeikam. Die Lehrerin machte auf die Pflanzen aufmerksam und meinte: «Da müssen wir aber aufpassen, dass niemand von euch gefressen wird!»

In der Tat, der Begriff «fleischfressende Pflanzen» klingt nach zähnefletschenden Raubpflanzen, die sich eine vorbeihuschende Maus schnappen und verschlingen. Eine unglückliche Bezeichnung, denn diese besonderen Pflanzen fressen nicht, noch haben sie es auf Fleisch abgesehen. Der Begriff «tierfangende» oder besser «insektenfangende Pflanzen» kommt der Wahrheit schon näher, denn die Pflanzen ergattern in erster Linie Insekten.

Diese Pflanzen sind eine der erstaunlichsten Entwicklungen der Evolution und die Mechanismen, mit denen sie Kleintiere einfangen, sind Wunderwerke, perfekt konstruierte Fallen. Doch warum fängt eine Pflanze überhaupt Insekten ein? Wozu der Aufwand, die komplizierten Fallen zu errichten? Die Antwort ergibt sich bei einem Besuch einer solchen Pflanzenart.

Ein Hochmoor ist ein ganz besonderer Ort. Statt eines festen Bodens bedecken dicke Moospolster die Oberfläche, sie geben bei jedem Schritt nach, Wasser gluckst und läuft bald in die Schuhe hinein. Ein einziger riesiger und mit Wasser vollgesogener Schwamm, der ausschließlich durch den Regen nass gehalten wird. Inmitten des Torfmooses stehen zarte Stängel mit kleinen weißen Blüten. Am Grunde der Pflanzen finden sich mehrere rundliche Blätter in einer Rosette, ein jedes Blatt ist mit rötlichen Stieldrüsen besetzt, die wie Tautropfen in der Sonne glitzern. Unter dem Vergrößerungsglas zeigen sich deutlich die Tröpfchen der klebrigen Flüssigkeit, die jede der Stieldrüsen umgibt. Auf manchen Blättern kleben Insekten, verloren und unfähig, sich von dem zähflüssigen Zeug loszumachen, einige Blätter sind eingerollt.

Der Sonnentau ist eine dieser karnivoren Pflanzen und funktioniert wie lebendes Fliegenpapier. Sein Lebensraum, ein Hochmoor, ist ein ziemlich schwieriger Wuchsort, denn hier herrscht akuter Stickstoffmangel. Das saure Wasser und die Abwesenheit von Mineralien, wie sie in einem normalen Boden vorkommen, erschweren pflanzliches Wachstum beträchtlich. Was liegt da näher, als sich andere Stickstoffquellen zu erschließen? Insekten haben ein Außenskelett, ihren Panzer, und der enthält Chitin, eine stickstoffreiche Verbindung. Der Sonnentau fängt mit seinen Drüsenblättern also Insekten ein, setzt an der Blattoberfläche Verdauungsenzyme frei und nimmt die zersetzten Stoffe auf.

Auch die vielen anderen tierfangenden Pflanzen finden sich durchwegs an Stellen, an denen die Wuchsbedingungen schwierig sind. Ob Venusfliegenfalle oder die Schlauchpflanzen Nordamerikas, ob das Fettblatt in den Alpen oder die Kannenpflanzen der Tropen – sie alle haben eine Methode entwickelt, um an tierischen Stickstoff zu gelangen.

Kannenpflanzen *(Nepenthes)* zählen zu den auffälligsten und artenreichsten Tierfängern unter den Pflanzen. Die umgewandelten Blätter formen fassförmige Fallen, die auf dem Boden stehen, oder hängende Fallen, einem Saxophon ähnelnd und am Ende der Blätter befestigt. Ein Deckel schützt bei den meisten Arten die Öffnung vor dem Volllaufen mit Regenwasser. Die

Kannen selbst zählen auf Insekten, die unsicher werden, auf wackeligen Beinen stehen, ausrutschen und in die Kanne fallen. Meist sind es Ameisen, die erbeutet werden. Die Bauweise der Kanne lädt förmlich zum Ausrutschen ein, und die Pflanze setzt alles daran, dass sich ein Krabbeltier nicht festhalten kann. Die Innenwände sind spiegelglatt und oft mit dünnen Wachsplättchen bedeckt, die sich leicht lösen und keinem Insekt Halt geben. Der Rand zeigt auffallende Rillen, zwischen denen sich ein dünner Wasserfilm aufspannt, der alles andere als festen Boden bietet. Die Flüssigkeit in der Kanne enthält neben Verdauungsenzymen oft genug auch Stoffe, die sie dickflüssig machen, was ein Entkommen unmöglich macht. In manchen Kannenpflanzen haben Forscher Netzmittel entdeckt, die das Tier leichter untergehen lassen. Die Kannen anderer Arten sind mit einer Flüssigkeit gefüllt, die sauer wie Essig ist. Bei vielen Arten werden die Tiere durch Nektardrüsen angelockt, die so positioniert sind, dass sich die Tiere am gefährlichen Kannenrand aufhalten müssen, um an sie heranzukommen. Da braucht es nicht viel, und eine Ameise verliert den Halt und stürzt in die Tiefe.

Die Heimat der Kannenpflanzen sind tropische Regenwälder, besonders viele Arten wachsen in Borneo. Die Kannen sind je nach Art unterschiedlich groß und reichen von fünf Zentimeter hohen Bodenkannen bis zu Kannen, die zwei Liter Flüssigkeit enthalten. Wer die verschiedenen Arten vergleicht, dem wird auffallen, dass die bodennahen Kannen oftmals anders gestaltet sind als die Kannen, die an den Stängelblättern heranwachsen, und dies an ein und derselben Pflanze. Sind es etwa kleine Fässer auf dem Boden, hängen schlanke und hohe Kannen über ihnen.

Etwas fällt bei den Kannenpflanzen auf: Die Fangquoten der verschiedenen Arten sind sehr unterschiedlich. Würden Sie den vielen *Nepenthes*-Arten in ihre Fallen schauen, würden Sie feststellen, dass längst nicht alle Beute machen. Einige Arten scheinen ständig leer auszugehen, während andere Kannen sich den Bauch vollschlagen. Der Naturfilmer Volker Arzt etwa wartete stundenlang vergeblich mit seinem Kamerateam bei den Kannenpflanzen auf den Tepuis Venezuelas, einer wetterumtosten Felslandschaft auf 3000 Meter Höhe, ohne dass ein einziges Insekt in eine der Fallen geraten wäre. Die meisten Kannen sind leer, aber offensichtlich ohne Schaden für die Pflanze. Ganz anders die *Nepenthes albomarginata* im tropischen Regenwald des Sultanates Brunei Darussalam. Hier fallen Termiten zu Tausenden in die Kanne, angelockt von weißen, sü-

Zu den insektenfangenden Pflanzen gehören auch die Schlauchpflanzen. Ihre Fallen stehen aufrecht auf dem Boden, wie bei der Weißen Schlauchpflanze (Sarracenia leucophylla). Die Pflanze wächst im Südosten der USA.

ßen Härchen, die am Kannenrand angebracht sind. Werden sie entdeckt, wird flugs eine Termitenstraße zur Kanne gelegt, und die emsigen Tierchen klettern hoch, um die willkommenen Fresspakete zu ernten und zum Nest zu bringen. In dem Gedränge fallen die Tiere reihenweise in die Kanne hinein. Freilich, für die Pflanze ist solch ein Festmahl ein ziemlich seltenes Ereignis.

Bei einigen *Nepenthes*-Arten hat sich aber der Spieß umgedreht und die Kanne ist nicht eine Falle, sondern ein Zuhause für Tiere geworden. Die Kannen entwickelten sich weiter, verwandelten sich zu privaten Schwimmbecken, zu Schlafplätzen oder zu Luxustoiletten.

Wer hätte denn gedacht, dass im Dschungel Borneos ein kleiner Frosch eine Kannenpflanze bewohnt? Der Frosch *(Microhyla nepenthicola)* ist mit einer Körperlänge von etwa einem Zentimeter der kleinste seiner Art in der gesamten Alten Welt. Die Wissenschaft kennt ihn erst seit 2010, als Zoologen der Universität Malaysia Sarawak die Art entdeckten. Welch ein Anblick, wenn so ein kleiner Frosch in einer Kanne einen ansieht! Er verbringt sein ganzes Leben in der Kanne, die Weibchen legen ihre Eier am inneren Rand ab und die winzigen Kaulquappen schwimmen in ihrer Kanne herum wie Goldfische in einem Teich. Die kleinen bauchigen Kannen gehören zu *Nepenthes ampullaria* und werden nicht höher als fünf Zentimeter. Eine Besonderheit der Pflanze ist, dass viele ihrer Kannen sich am Boden befinden, obwohl die Pflanze klettert. Geschieht das absichtlich? Haben der Frosch und die Kannenpflanze ein geheimes Bündnis geschlossen, aus dem jeder seinen Vorteil bezieht?

Möglicherweise. Der Frosch ist längst nicht das einzige Tier, das in Kannen bestimmter Kannenpflanzen lebt. Nicht alle Kannen enthalten eine todbringende Flüssigkeit, manche sind mit Wasser gefüllt, das keine besonderen Zusätze seitens der Pflanze enthält. In der Tat ist es erstaunlich, welche Vielfalt an Lebewesen in Kannen angetroffen wird: Algen, kleine Krebse, Mikroorganismen, kleine Würmer und zahlreiche Insekten. All diese

Pflanzen und Tiere sind quicklebendig und nicht Bestandteil der Fangbeute. Und was hat die Pflanze von diesem Zoo? Es sind die tierischen Exkremente – der beste Naturdünger, den man sich vorstellen kann.

In den höheren Lagen Borneos wächst eine Kannenpflanze, die besonders bemerkenswert ist, denn sie wird – im Vergleich zu Ameisen und anderen Insekten – von einem großen Tier aufgesucht. Die Kannen von *Nepenthes lowii* sind groß und auffallend ist der zurückgeschlagene Deckel. Auf dessen Innenseite sondern Drüsen einen Nektar ab, und zwar in Mengen, wie sie von keiner anderen *Nepenthes* bekannt sind. Die Kanne ist von rauer Beschaffenheit und im oberen Drittel stark eingeschnürt, sodass der oberste Teil wie ein Trichter aussieht. Ganz offensichtlich sind diese Kannen nicht dafür ausgerichtet, Insekten zu fangen.

Der Besucher ist ein putziges und flinkes Spitzhörnchen *(Tupaia montana)*, ein Nagetier, das den begehrten Nektar aufleckt und immerhin 150 Gramm wiegt. Die Proportionen der Kanne sind genau auf die Körpermaße eines erwachsenen Tieres abgestimmt: Die Distanz vom vorderen Kannenrand bis zu der Stelle, an der der süße Saft ausströmt, entspricht genau der Länge des Körpers und des Kopfes eines ausgewachsenen Exemplars des Spitzhörnchens. Das Tierchen kann nicht anders und muss sich mit allen vieren am Kannenrand festhalten, will es das Naschwerk auflecken, und wenn es mal muss, macht es schön in die Kanne hinein.

Genau auf diese Düngung zählt die Pflanze. Wissenschaftler haben gezeigt, dass der Anteil an Stickstoff in den Blättern dieser Kannenpflanze tatsächlich überwiegend von dem Tierkot stammt. Eine sehr zuverlässige Quelle, denn die Spitzhörnchen markieren ihre Kannen und kehren immer wieder zu ihnen zurück.

Eine weitere Kannenpflanze, die eine Entwicklung weg von einer Falle zeigt, entdeckten Forscher erst kürzlich in Brunei Darussalam. Dort ist der gebürtige Deutsche Ulmar Grafe seit sechs Jahren tätig und untersucht die Lebensweise von Kannenpflanzen. Der Biologe staunte nicht schlecht, als er eines Tages in einer Kanne von *Nepenthes rafflesiana* eine kleine Fledermaus erblickte. «Ich dachte erst, das muss ein Irrtum sein», erklärt er. «Die Fledermaus hat vielleicht wegen schlechten Wetters oder aufgrund von Energiemangel ihren normalen Unterschlupf nicht gefunden.»

Dass dem nicht so ist, zeigten seine weiteren Beobachtungen. Die gerade einmal dreieinhalb Zentimeter großen und dicht behaarten Tiere gehören zu den Hardwick-Wollfledermäusen *(Kerivoula hardwickii)* – nachtaktive Tiere, die tagsüber in einem geeigneten Unterschlupf dösen. Da kommen ihnen die Kannen gerade recht. «Eine solche Kanne ist ein hervorragendes Versteck für die Tiere», meint Grafe. «Da drinnen ist es trocken und es sammeln sich keine blutsaugenden Parasiten an wie an anderen Plätzen.» Die anderen Verstecke – hohle Baumstämme, Astlöcher, Höhlungen in Steinen – sind längst nicht so komfortabel wie eine pflanzliche Kanne. Und was hat die Pflanze davon? Es ist wieder der natürliche Dünger, diese höchst willkommene Stickstoffquelle, die sie bekommt.

Ich habe oben das Wort «Entwicklung» verwendet. Tatsächlich unterscheiden sich die Kannen, in denen die kleine Fledermaus haust, ganz beträchtlich von den anderen Kannen derselben Art, den normalen, insektenfangenden Kannen. Fledermauskannen sind bedeutend länger, enthalten viel weniger Flüssigkeit am Boden und die Wand ist rau, sodass die Tiere sich festhalten können. Die Pflanze hat ihre Kannen umgebaut. Grafe hat auch schon Muttertiere mit zwei Jungen in einer Kanne angetroffen, übereinander, denn anders passen die Tiere nicht in den Schlund. Auch bei der *Nepenthes lowii* lässt sich ein solcher Wandel beobachten. Toilettenkannen für die Spitzhörnchen finden sich nur im oberen Teil der Pflanze, die unteren Kannen sind ganz normale Insektenfänger, mit Wasser gefüllt und mit glatten Wänden versehen.

Es scheint, dass sich die Arten an *Nepenthes* in Neuorientierung und Reorganisation üben und dass die bösen Kannen zunehmend tierlieb werden. Ob da noch weitere Entdeckungen zu machen seien? «Da darf man sicherlich mit weiteren Überraschungen rechnen», meint Grafe. Für ihn ist es denkbar, dass etwa Vögel die Kannen bestimmter Arten für ihren Nestbau nutzen könnten – vorausgesetzt, die Kanne wird mittels eines gezielten Schnabelhiebes entwässert. Das Wechselspiel zwischen Kannenpflanzen und Tieren ist in vollem Gange.

17.
Pflanzen, die den Schall beherrschen

Warum sind Blumen so farbenprächtig? Die nahezu unendlich vielen Formen der Blüten, die Farben oder Farbkombinationen ihrer Kronblätter, verbunden mit ebenso vielen Duftnoten, haben alle nur ein Ziel: Bestäuber anzulocken. Ihnen zu zeigen, wo es Nektar oder nahrhaften Blütenstaub gibt. Der Naturforscher Christian Konrad Sprengel hat dies bereits 1793 in seinem Werk «Das entdeckte Geheimnis der Natur» treffend beschrieben: «Die Krone ist (sehr wenige Arten ausgenommen) gefärbt, d. i. anders gefärbt als grün, damit sie gegen die grüne Farbe der Pflanzen stark absteche.»

Auffallen, darin liegt die Aufgabe der Blüten. Schönheit und Ästhetik kennt die Natur nicht, nur Funktionalität. Die vielen bunten Blumen in einer Wiese sind das Ergebnis eines langen Wechselspiels der gegenseitigen Anpassung zwischen blütenbesuchenden Insekten und den Blütenpflanzen. Dabei steht eine erfolgreiche Bestäubung stets im Vordergrund, also das Transportieren von Blütenstaub von einer Pflanze zur nächsten. Schließlich sind die Pollenkörner nichts anderes als die männlichen Geschlechtszellen einer Pflanze und nur durch eine Fremdbestäubung können Samen mit neuen Kombinationen der Erbanlagen entstehen.

Doch nicht alle Blütenpflanzen werden von Insekten besucht

und bestäubt. In Nord- und Südamerika umschwirren prächtig gefiederte und metallisch glänzende Kolibris die Blüten zahlreicher Pflanzenarten. Wie ein Falter saugen sie im Stehflug den Nektar auf und führen ihren langen, spitzen Schnabel in die Blütenröhre ein. Die Blüten sind rot wie bei den Früchten des Vogelbeerbaumes, weil diese Farbe auf Vögel anziehend wirkt. In den tropischen Gegenden der Neuen Welt haben sich einige Pflanzenarten aber auf gänzlich andere Bestäuber spezialisiert, nämlich auf Fledermäuse.

Zoologen unterscheiden rund 800 verschiedene Arten an Fledermäusen, von denen die meisten in den Tropen vorkommen. Die größte Art unter ihnen – die Große Spießblattnase *(Vampyrum spectrum)* – erreicht eine Flughautspannweite von nahezu einem Meter. Die kleinsten Vertreter der Fledermäuse sind nur ein paar wenige Zentimeter groß. Unter den Fledermäusen finden sich insektenjagende Räuber, andere ernähren sich von Früchten oder suchen nektarreiche Blüten auf.

Nun unterscheiden sich die Biologie und die Lebensweise der Fledermäuse ziemlich von denen der Insekten oder Kolibris. Die Tiere sind dämmerungs- oder nachtaktiv, schwärmen bei einbrechender Dunkelheit aus und jagen nachts nach Beute oder suchen Blüten auf. Da nutzen farbige Blüten nichts. Fledermäuse orientieren sich ohnehin nicht mit den Augen, sondern mittels Echopeilung. Kurze Rufe im Ultraschallbereich, für uns nicht hörbar, vermitteln dem Tier ein Abbild der Umgebung aufgrund der Echos, die von den Gegenständen zurückgeworfen werden. Es ist dasselbe Prinzip der Echolotung, die Schiffe für die Bestimmung der Wassertiefe nutzen: Ein Gerät sendet Schallwellen aus, die vom Meeresgrund zurückgeworfen werden. Aufgrund der Zeit, die nötig ist, bis die reflektierten Wellen vom Gerät erfasst werden, kann die Tiefe berechnet werden.

Fledermäuse registrieren aber nicht nur die Zeit zwischen Ruf und Echo, sondern auch die Qualität der zurückgeworfenen Schallwellen. Das Echo tönt anders als der Ruf, hat eine andere Klangfarbe bekommen, da sich Stärke und Tonhöhe geändert haben. Wie anders es tönt, hängt von der Beschaffenheit der Umgebung und der Gegenstände ab, die die Schallwellen zurückwerfen. So erhält die Fledermaus aufgrund der Echos ein Raumbild und sie hört, wo es Blätter, Pflanzenstängel, Steine oder Beute gibt und wo sie ungehindert zwischen den Bäumen hindurchfliegen kann. Es ist erstaunlich, wie sicher Fledermäuse bei stockdunkler Nacht unterwegs sind, ohne jemals irgendwo anzustoßen.

Blütenbesuchende Fledermäuse müssen irgendwie ihre Blüten finden. Wenn Echopeilung für die Tiere so wichtig ist, könnte die Pflanze nicht dabei behilflich sein? Selbst rufen kann sie natürlich nicht, aber vielleicht dafür sorgen, dass die Blüten leicht zu finden sind, dass sie in dem Echogewirr, das eine Fledermaus ständig zu hören bekommt, herausstechen?

Im Regenwald auf Kuba fiel einer Gruppe deutscher und britischer Biologen eine Kletterpflanze mit dunkelroten Blüten auf. Sie windet sich an Baumstämmen empor und an den Enden ihrer Zweige hängen Gruppen von Blüten nach unten. Ihr wissenschaftlicher Name lautet *Marcgravia evenia*, benannt nach dem deutschen Forschungsreisenden Georg Marggraf (1610–1644), der in den letzten Jahren seines kurzen Lebens die brasilianische Pflanzen- und Tierwelt erforschte. Die Blüten der *Marcgravia evenia* sind in einem Ring angeordnet und die unteren Teile der Blüten sehen wie Filzpantoffeln aus, die an einem runden Verkaufsständer angeboten werden. Sie sind mit süßem Nektar gefüllt. Darüber befinden sich an dicken, waagrechten Stielen die Staubblätter, die den Pollen enthalten. Über dem Ring stehen ein oder zwei Blätter, aufrecht und nach innen gewölbt wie bei einer Satellitenschüssel. Sie ähneln Hasenohren, die über dem Blütenstand wachen. Könnte es sein, dass diese merkwürdigen Blätter, die so ganz anders gestaltet sind als die übrigen Blätter, etwas mit der Sonartechnik der Fledermäuse zu tun haben?

Genau das fragten sich die Wissenschaftler und machten sich an die Arbeit. Sie nahmen akustisches Gerät, Ultraschallerzeuger, Lautsprecher und Mikrofon, und untersuchten, ob sich normale

Blätter und die «Hasenohren» im Echo unterscheiden. Und das taten sie! Die Forscher beschallten die Blätter mit verschiedenen Frequenzen aus unterschiedlichen Richtungen und zeichneten Sonogramme der Echos auf. Sie fanden, dass das Echo des Hohlblattes von ganz anderer Qualität war als das eines normalen flachen Blattes. Der wichtigste Unterschied war, dass das Hohlblatt unabhängig von der Richtung, aus der der Schall kam, ein gleichförmiges Echo abgab. Beim normalen Blatt war dies nicht der Fall, das Echo war dann am stärksten, wenn die Schallwellen von vorne auftrafen, also senkrecht zur Blattfläche.

Nun versetzen Sie sich einmal in die Lage einer nachtaktiven Fledermaus, die im Regenwald umherfliegt. Sie sehen nichts, Sie können sich nur aufgrund des Hörbildes orientieren, das Sie mit Ihren Ultraschallrufen erhalten. Wenn Sie sich einem Blütenstand der *Marcgravia* nähern, wird Ihnen das klare Echosignal sofort auffallen. Da ist etwas Besonderes, das hört sich anders an als die übrige Vegetation. Egal, ob Sie in einem flachen Winkel oder direkt von vorne auf den Blütenstand zufliegen, dieses besondere Echo ist stets deutlich zu hören. Da lohnt es, genauer hinzuhören und sich von dem Gegenstand ein Bild zu machen. Hat eine Fledermaus erst einmal herausgefunden, dass dieses Echo mit den mit Zuckerwasser gefüllten Pantoffeln in Verbindung gebracht werden kann, ist es für sie ein Leichtes, die Blüten im dunklen Wald aufzusuchen.

Eine Videoaufnahme der Forscher zeigt das Tier – es ist eine Blumenfledermaus mit dem wissenschaftlichen Namen *Monophyllus redmani* – bei seinen nächtlichen Blütenbesuchen. Zielstrebig steuert es die Blütenstände an, trinkt im Flug den Nektar und seine Schnauze wird dabei ungewollt mit Blütenstaub bepudert. Bei der nächsten Pflanze wird ein bisschen davon auf den Fruchtknoten gedrückt und damit hat die Wechselwirkung zwischen *Marcgravia* und *Monophyllus* ihren Sinn erfüllt.

In aufwendigen Laboruntersuchungen konnten die Forscher bestätigen, dass die Tiere die Blüten viel schneller auffinden, wenn die «Hasenohren» darunter sind, als bei Blüten ohne die

Schallblätter. Dazu stellten sie aus Plastik Abdrücke von normalen Blättern und Hohlblättern her, als Attrappen für die echten Blätter, vergewisserten sich, dass sie dasselbe Echoverhalten zeigten, und befestigten an einer Pinnwand Kopien der beiden Blattsorten. Sie mischten Hohlblätter mit normalen Blättern und steckten anstelle von Blüten Röhrchen mit Zuckerwasser unter die Hohlblätter. So imitierten sie ein Stück Blättergewirr des Waldes mit ein paar darin versteckten Blüten.

In Vorversuchen gewöhnten sie die Tiere an die künstlichen Blüten, zeigten ihnen, dass sie genauso süßen Nektar bieten wie die echten Blüten. Dann machten sie mehrere Versuchsserien, entweder mit oder ohne Hohlblätter in der Wand. Sie ließen ihre Versuchstiere durch eine kleine Öffnung in einen verdunkelten Käfig, der mit einer Videokamera ausgestattet war. Damit konnten die Forscher die Zeit ermitteln, die eine Fledermaus benötigte, um eine der Blüten zu finden. Die Suchzeit bildete die Messgröße. Würde eine Fledermaus eine Blüte rascher finden, wenn ein Hohlblatt darüber angebracht war?

Und hier zeigte es sich: Die Anwesenheit der Schallblätter verkürzte die Zeit um die Hälfte, die eine Fledermaus braucht, um eine der künstlichen Blüten zu finden. So wirken also die «Hasenohren» tatsächlich als Leuchtreklame für die Blumenfledermäuse. Zeitverkürzung bedeutet Energiesparen, und das ist für ein so kleines Tier von Bedeutung.

Die Pflanze selbst ist schon lange bekannt und wurde 1896 das erste Mal in den «Botanischen Jahrbüchern für Systematik, Pflanzengeschichte und Pflanzengeographie» beschrieben, in lateinischer Sprache, zusammen mit ein paar anderen ähnlichen Arten aus Kuba. Dass die Pflanze von Fledermäusen besucht wird, wusste bisher aber niemand, erst die erwähnten Forschungen konnten das belegen. Die Pflanze ist indes nicht die einzige Art, die die Akustik beherrscht. In Südamerika wächst ein anderes Gewächs, *Mucuna holtonii*, ebenfalls eine Kletterpflanze, die am Rand des Regenwaldes und an Flüssen vorkommt. Ihre etwa vier Zentimeter langen Blüten öffnen sich nachts, und bei ihnen ist es das obere Blütenblatt, das als Schallreflektor agiert. Es ist dasselbe Prinzip, eine nach innen gewölbte Fläche, aufrecht stehend. Auch hier experimentierten Biologen, verstopften das hohle Blütenblatt mit Watte und fanden, dass das Echosignal dadurch fast zum Erliegen kam.

Die beiden hier vorgestellten Pflanzenarten sind längst nicht die Einzigen, die von Fledermäusen aufgesucht und bestäubt werden. Aus der Neuen Welt kennen Biologen mehrere Hundert verschiedene Fledermauspflanzen. Da kann es gut sein, dass noch andere Schallpflanzen zu entdecken sind.

18.
Ethylen, die Aurora der Pflanzen

Eine Erdölraffinerie ist ein unheimlicher Ort. Ein Wirrwarr von Rohren, die unzählige Kessel, Destillationstürme und Waschkolonnen miteinander verbinden, es zischt und dampft und über allem liegt der penetrante Ölgeruch. Das Erdöl wird in seine Bestandteile zerlegt und liefert unter anderem auch Rohbenzin, aus dem wiederum eine der wichtigsten Grundchemikalien für die chemische Industrie produziert wird: Ethylen.

Ethylen oder Ethen, früher hieß es auch Vinylwasserstoff, ist ein farbloses, leicht entzündliches Gas. Seine Moleküle bestehen aus zwei Kohlenstoffatomen und vier Wasserstoffatomen, das Gas hat also die chemische Formel C_2H_4 und ist eine ziemlich einfache Verbindung, ein simpler Vertreter der Kohlenwasserstoffe. Aus Ethylen wird etwa der Kunststoff Polyethylen hergestellt, den Sie bestens von Müllsäcken und Plastikflaschen kennen. Doch warum erzähle ich Ihnen das alles?

Derselbe Kohlenwasserstoff wird auch von Pflanzen synthetisiert und freigesetzt, ausgehend von der schwefelhaltigen Aminosäure Methionin. Im Leben einer Pflanze nimmt Ethylen eine wichtige Rolle ein, denn es ist eines der wichtigsten Kommunikationsmittel. Ja, es gilt sogar als pflanzlicher Botenstoff, als ein Pflanzenhormon, da es ganz spezifische Reaktionen auslösen kann, und dies schon bei geringen Mengen.

Erstaunlich ist weniger die Tatsache, dass ein Gas als Botenstoff wirkt – schließlich liegen Duftstoffe, die aus den Blüten entweichen und Insekten anlocken, ebenfalls gasförmig vor –, dass aber eine einfache organische Verbindung in Pflanzen kommunikative Funktionen übernimmt, ist bemerkenswert. Duftstoffe sind in der Regel kompliziert aufgebaute Verbindungen, da erscheint das Ethylen geradezu primitiv. Aber Duftstoffe richten sich eben an Insekten und nicht an andere Pflanzen. Hier liegt der große Unterschied zum Ethylen, denn das Gas vermittelt zwischen Pflanzen und zwischen verschiedenen Teilen einer Pflanze.

Die Funktionen, die Ethylen in Pflanzen erfüllt, sind mannigfaltig und reichen vom Warnsignal bis zum Steuersignal für etliche Wachstumsvorgänge und zelluläre Abläufe. Schon die alten Ägypter wussten um die Wirkung des Ethylens, ohne den Stoff zu kennen. Sie ritzten die unreifen Früchte der Maulbeer-Feige *(Ficus sycamorus)* an, dadurch reiften die Früchte rascher und gleichmäßiger. Warum? Weil das angeritzte und dadurch verletzte Pflanzengewebe der Beeren Ethylen freisetzt, das von den anderen Beeren aufgenommen wird und den Reifeprozess beschleunigt. Aber auch ohne Anritzen setzen Früchte und Gemüse wie Äpfel, Bananen und Tomaten Ethylen frei, das gleichsam als Reifegas wirkt: als Steuersignal, das saftige Fruchtfleisch und die farbige Haut eines Apfels zu bilden. Reift eine Frucht heran, geschieht allerhand mit dem Gewebe: Das Blattgrün baut sich ab, die zelluläre Atmung wird gesteigert, Zucker werden gebildet, ebenso Aroma- und Farbstoffe. All diese Vorgänge werden durch sogenannte Reifungsenzyme bewerkstelligt, die wiederum von Ethylen angeregt werden.

Aber auch Wachstumsvorgänge werden von Ethylen gesteuert. Das erkannten Wissenschaftler 1932, und zwar aufgrund früherer Beobachtungen. Bereits Mitte des 19. Jahrhunderts wurde das merkwürdige Wachstum von Pflanzen bemerkt, die in der Nähe undichter Stellen der Stadtgasleitungen wuchsen.

Die Pflanzen hatten auffallend dicke Stängel und sie wirkten zusammengestaucht, als ob das normale Längenwachstum unterdrückt worden wäre. Das Stadtgas enthielt Ethylen, das die Pflanzen so stark beeinflusste und zu einem abnormen Wachstum führte. Eine weitere Wirkung wurde Ende des 19. Jahrhunderts beobachtet, ebenfalls durch Zufall. Ananaspflanzen werden durch Rauchgase zu einer früheren Blüte angeregt. Auch hier war der Wirkstoff Ethylen die Ursache.

Die physiologischen Wirkungen des Gases auf Pflanzen sind sehr vielfältig. Neben der Beschleunigung der Fruchtreife steuert das Gas das Abwerfen der Blätter, wie unsere Laubbäume das jeden Herbst machen. Der Vorgang ist weit mehr als ein einfaches Loslassen. Das Blatt wird umfassend auf den Abwurf vorbereitet, was uns eine schöne Herbstfärbung des Laubes beschert. Das Blattgrün und andere noch verwertbare Stoffe werden abgezogen und zu den Wurzeln transportiert, den pflanzlichen Vorratskammern, übrig bleiben die anderen farbigen Pigmente, die von Gelb bis Rot reichen. An einer bestimmten Stelle am Grunde des Blattes werden schließlich die Zellen brüchig, und schon segelt das Wegwerfblatt mit dem Wind davon. Ethylen spielt beim Laubabwurf eine zentrale Rolle, denn es steuert den Alterungsprozess des Blattes.

Wenn Ethylen in einer Pflanze so wichtige Funktionen übernimmt, dann muss es auch Stellen geben, die für das Gas empfänglich sind, denn nur so können die Wachstumsreaktionen ausgelöst werden. Es müssen sogenannte Rezeptoren für Ethylen vorhanden sein, Andockstellen auf den Zellen, die nach einem Kontakt mit Ethylen eine physiologische Wirkung zeigen. Jede funktionierende Kommunikation bedarf schließlich sowohl eines Senders als auch eines Empfängers. Und wenn Ethylen – immerhin verteilt sich das Gas in den feinen Zwischenräumen des Zellverbandes einer Pflanze – innerhalb einer Pflanze steuernd eingreift, könnte es nicht auch zwischen verschiedenen Pflanzen wirken? Das Ethylen gelangt schließlich ebenfalls in die Luft und strömt zu anderen Pflanzen.

Tatsächlich kann eine Pflanze, die Ethylen freisetzt, andere Pflanzen beeinflussen, wie ein eindrückliches Beispiel aus den frühen 1990er Jahren zeigt. Rätselhaftes ereignete sich damals in einem Wildtierreservat im Transvaal, im Nordosten Südafrikas. Etwa 3000 Kudus, eine südafrikanische Antilope, starben in kurzer Zeit. Die Gründe blieben zunächst vollkommen unklar, denn Krankheitserreger als Ursache konnten ausgeschlossen werden. Die Tiere machten einen lebendigen Eindruck, rupften wie gewohnt Blätter von den Akazienbäumen, doch ein Tier nach dem anderen verendete. Ein südafrikanischer Zoologe der Universität Pretoria, Wouter Van Hoven, kam dem Geheimnis schließlich auf die Spur. So unglaublich es erscheinen mag, die Tiere starben, weil sie eingezäunt waren. Denn die Akazien, von deren Blättern sich die Antilopen ernährten, sind fies oder fast schon intelligent, je nachdem, wie man es betrachtet. Wird ihr Laub angeknabbert, reagiert die Akazie prompt und auf zweifache Weise. Zum einen bilden sich in den Blättern giftige Tannine, und zwar rasch und in genügend hoher Menge, um für eine hungrige Antilope gefährlich zu werden. Tannine sind unangenehme Substanzen, denn in einem Tiermagen blockieren sie die Aufnahme von Eiweißen. Die Tiere im Reservat starben also letztlich, weil sie verhungerten. Für die Akazie sind die Tannine natürlich eine Abwehrreaktion gegen die Blattfresser: Tanninreiche Blätter sollen den gefräßigen Tieren den Appetit verderben. Die zweite Reaktion besteht darin, dass die verletzten Blätter der Akazie Ethylen ausströmen. Das Gas steigt in die Luft, verteilt sich und erreicht andere Akazienbäume. Und was machen diese, nachdem sie das Gas gerochen haben? Sie beginnen postwendend, Tannine in ihre Blätter einzulagern – innerhalb von Minuten! Die Blätter giftig machen, dass ja keines der Biester auf die Idee kommt, daran zu naschen. Ethylen ist hier Sprachrohr, und ein Akazienbaum, bei dem die Blätter gefressen werden, teilt sich seinen Artgenossen mit: «Achtung, Tiere im Anmarsch! Fahrt mal ganz rasch eure Tanninproduktion hoch!» Die Akazienbäume hören auf ihre Nachbarn und schützen ihre Blätter, so, wie sich Murmeltiere nach einem Warnpfiff schleunigst in ihre Bauten zurückziehen.

Was nun in dem Tierreservat geschah, würde in freier Natur nie vorkommen. Weil die Tiere eingeschlossen waren, hatten sie keine andere Wahl, als von den Akazien im Reservat zu fressen, auch von denen, die in unmittelbarer Nähe eines einmal bereits angeknabberten Baumes standen. Mit fatalen Folgen, denn die vorgewarnten Bäume boten nur noch tanninreiches Grünzeug an, und die Tiere erlitten Vergiftungen.

Warum würde das in freier Natur nicht geschehen? Der Zoologe Van Hoven beobachtete die Tiere und vor allem ihr Fressverhalten in freier Wildbahn. Es scheint, dass die Tiere instinktiv von den Schutzmaßnahmen der Akazien wissen. Sie ziehen viel mehr umher, nehmen mal von diesem Baum ein Maul voll, laufen weiter, um von einem anderen Baum etwas Blattwerk abzureißen. Durch das kurze Anknabbern eines Baumes und dem Einhalten eines genügend großen Abstandes zum nächsten Baum vermeiden die Tiere, dass sie giftig gewordene Blätter fressen. Wahrscheinlich schmecken tanninreiche Blätter auch anders als Blätter mit einem geringen Gehalt an Tannin.

Van Hoven beobachtete das gleiche Verhalten auch bei Giraffen und berichtete, dass sie nur an einem von zehn Bäumen fraßen und tunlichst Bäume in Windrichtung mieden. Diese könnten bereits durch Ethylen vorgewarnt sein. Ein richtiges Fressverhalten ist den Tieren also angeboren und überlebensnotwendig, hervorgegangen aus dem jahrtausendelangen Zusammenleben von Akazien und Pflanzenfressern.

Das Beispiel veranschaulicht die andere Bedeutung, die Ethylen neben den Wachstumssteuerungen für Pflanzen hat. Es löst sogenannte Stressreaktionen aus, wie eben die Anreicherung von Tanninen oder andere Abwehrmechanismen gegenüber Pflanzenfressern. Ganz ähnlich stimuliert Ethylen etwa nach Pilzbefall die Bildung bestimmter Abwehrenzyme. Ethylen ist indes nicht das einzige zwischenpflanzliche Kommunikationsmittel, in neuerer Zeit wurden auch andere Stoffe mit derartigen

Funktionen gefunden. Oft lösen diese Verbindungen gemeinsam mit Ethylen die Reaktionen aus.

Für den Früchte- und Gemüsehandel ist Ethylen ein Wundergas, ebenso für den Gartenbau und für den Feldanbau von Kulturpflanzen aller Art. Denn die biologische Wirkung von Ethylen kann man sich zunutze machen und gezielt in das Wachstum und in die Reifeprozesse der Pflanzen eingreifen. So werden Äpfel oder Bananen in unreifem Zustand geerntet und in einer ethylenarmen, aber kohlendioxidreichen Luft gelagert. Das blockiert den Reifeprozess und die Früchte lassen sich so viel länger lagern. Wenige Tage vor dem Verkauf werden sie mit Ethylen begast, und schon werden sie schön gleichmäßig reif und kommen als gesund aussehende und wie frisch geerntete Ware in die Läden, und nichts deutet auf das Schummeln hin.

Ananaspflanzen werden mit einem Mittel besprüht, das Ethylen freisetzt, sogenannte Ethylenabspalter. Zum richtigen Zeitpunkt behandelt, setzen dann praktisch alle Pflanzen eines Feldes gleichzeitig Blüten an, was die maschinelle Ernte der Früchte vereinfacht. Dasselbe Verfahren wird auch bei Baumwollpflanzen angewendet, nur dass es hier ein Abfallen der Blätter bewirkt. Auch das macht die maschinelle Ernte der Baumwollknäuel einfacher. Und bei der Kautschukgewinnung kommen Ethylenabspalter zum Einsatz, um einen stetigen Fluss des weißen und kostbaren Milchsaftes aus der Rinde des Gummibaumes *(Hevea brasiliensis)* zu stimulieren.

Während also Deutschland jährlich etwa drei Millionen Tonnen Ethylen produziert und eine eigens für den Transport des Gases gebaute Pipeline die Chemiestandorte Rotterdam und Köln verbindet, schwirren in der Luft ständig Ethylenmoleküle umher – von Pflanzen für Pflanzen produziert – und lassen Früchte reifen, Blätter fallen, Blüten öffnen und Schutzmaßnahmen einleiten.

19.
Das geheime Leben der Schuppenwurz

Das Wort «Parasit» verbinden die meisten Menschen mit ekelerregenden Tieren wie Bandwürmer, Spulwürmer oder Blutegel – alles Lebewesen, die sich von anderen Lebewesen ernähren, ohne sie zu töten. Parasiten gibt es aber auch unter den Pflanzen, und sie schmarotzen auf anderen Pflanzen oder auf Pilzen. Während viele von ihnen ein unscheinbares Leben führen, fallen andere richtiggehend auf.

Zu den Unscheinbaren gehört die Schuppenwurz *(Lathraea squamaria)*. Die Pflanze wird von den wenigsten bemerkt, denn sie ist selten und tritt nicht regelmäßig in Erscheinung. Der wissenschaftliche Name *Lathraea* stammt denn auch von dem griechischen Wort «lathraios», was so viel wie «verborgen» bedeutet. Der größte Teil der Pflanze ist im Boden verborgen, und darin bleibt sie auch die meiste Zeit versteckt. Daher folgt zunächst ein Blick unter die Erde, um die Lebensweise der eigenartigen Pflanze verstehen zu können. Das kräftige Wurzelsystem ist stark verzweigt und kann bis zu zwei Meter lang und mehrere Kilogramm schwer werden. Es besteht nicht nur aus Wurzeln, sondern auch aus Ausläufern, die mehr oder weniger waagrecht im Boden liegen. An den Ausläufern zeigt sich, weshalb die Pflanze so heißt, denn sie sind dicht mit dicken und fleischigen Schuppenblättern besetzt. Hier liegt bereits eine Besonderheit der Schuppenwurz vor, denn die schuppigen Blätter dienen als Speicherorgan für Stärke. Sie sind wie der Rest des Wurzelsystems weißlich. Andere Pflanzen haben ebenfalls solche schuppenförmigen Blätter auf ihren Ausläufern, diese haben aber keine Funktion. Ein Relikt aus vergangenen Zeiten, denn sie sind aus richtigen Blättern hervorgegangen.

Die Schuppenwurz ist ein pflanzlicher Parasit, der die Wurzeln von Bäumen und Sträuchern anzapft.

Blüht die Pflanze, strecken sich

weißliche bis schmutzig rosafarbene Stängel in die Luft, die zahlreiche rachenförmige Blüten von gleicher Färbung tragen. Die Stängel nehmen eine leicht gekrümmte Stellung ein und ihre Blüten schauen alle in eine Richtung.

Blattgrün kennt die Pflanze nicht. Sie ernährt sich ausschließlich von anderen Pflanzen und ist von ihnen vollkommen abhängig. Ihre Wirtspflanzen sind hauptsächlich Haselsträucher, aber auch Erlen, Pappeln und Weiden: alles Bäume, die in ausreichend durchfeuchteten Böden wachsen und damit gut im Saft stehen. Denn diesen zapft die Schuppenwurz an, um ihn als Lebenselixier für sich selbst nutzen zu können. Alles, was eine Pflanze braucht, wird den Wirtspflanzen entzogen: Wasser, Mineralien und organische Stoffe. Dieses Anzapfen geschieht bei der Schuppenwurz ungesehen im Boden, weil die Wurzeln der Wirtspflanzen gleich-

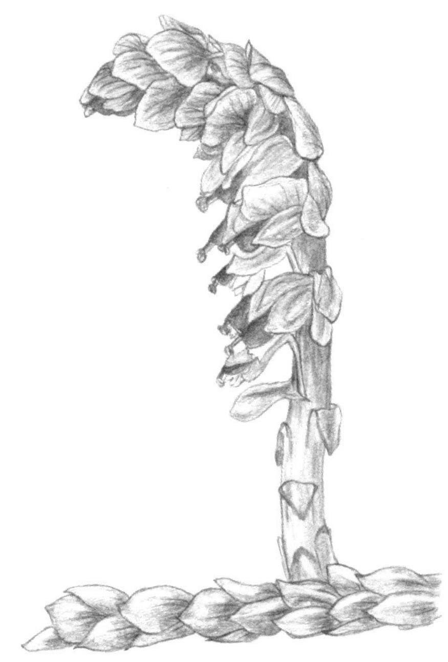

sam angestochen werden. Wurzelhaare finden sich nur höchst spärlich, dafür fallen kleine knopfartige Gebilde auf, die mit den Wurzeln der Wirtspflanze auf das Innigste verbunden sind. Sie sind die Injektionsnadeln der Schuppenwurz, um an den Saft heranzukommen. Solch ein Knopf – Haustorium genannt – besteht aus bestimmten Zellen, die in das Wurzelgewebe der Wirtspflanze eingedrungen sind und einen Kontakt zu den Leitungsbahnen hergestellt haben. So kann ein Teil des Flüssigkeitsstroms zur parasitischen Pflanze umgeleitet werden. Das Wurzelwerk der Schuppenwurz umgibt die Wurzeln der Wirtspflanze wie Efeu, das einen Eichenstamm bedeckt – ein dichtes Geflecht von Wurzelsträngen, von denen die Andockstellen zur Wirtspflanze führen.

Nun stellt sich aber für eine Pflanze ohne Blattgrün ein fundamentales Problem. Kein Blattgrün bedeutet schließlich auch: keine grünen Laubblätter. Das wiederum hat zur Folge, dass bei einer Schuppenwurz keine Spaltöffnungen vorhanden sind, durch die Wasser verdunsten könnte, um so einen Transpirationssog aufrechtzuerhalten; Sie erinnern sich an Kapitel 5, in dem ich den Wassertransport erklärt habe. Aber auch in einer Schuppenwurz müssen die Nährsalze und organischen Stoffe von den Wurzelspitzen und den Speicherzellen bis in die obersten Spitzen der Stängel gebracht werden. Wie aber soll das ohne Spaltöffnungen und Wasserverdunstung gehen?

Es gibt nur eine Lösung: aktive Wasserausscheidung. Auf den Stängeln und Ausläufern der Schuppenwurz sitzen kleine häutige Blättchen, und in diesen arbeiten Wasserdrüsen. Sie pumpen beständig Wasser nach außen und halten so einen Wasserstrom in der Pflanze aufrecht. Natürlich braucht das Energie, die aus der Stärke bereitgestellt wird. Für eine Schmarotzerpflanze ist ein solcher Wasserstrom besonders wichtig, denn der Saft aus den Wurzeln der Wirtspflanze muss herausgesogen werden, das braucht Kraft oder besser gesagt, eine hohe Saugspannung.

Die Schuppenwurz bietet noch weitere Geheimnisse. Sie blüht nicht immer, deshalb tritt sie nicht jedes Jahr in Erscheinung. In kühlen Jahren mag sie keine blühenden Stängel ausbilden, aber sie blüht dennoch – allerdings unterirdisch, im Boden. Die Blüten entspringen dann dem Wurzelstock, bleiben aber geschlossen. Es gäbe sowieso keine Bestäuber zwischen den Erdkrumen, die eine solche Blüte aufsuchen würden. Nein, solche Blüten befruchten sich selbst – eine Notlösung für ungünstige Witterungsverhältnisse.

Wenn die Pflanze normale Blütenstängel hervorbringt, fällt die frühe Blütezeit, nämlich März bis April, mit dem Hauptsaftstrom der Wirtspflanze zusammen. Nach dem Winter treiben die Sträucher und Bäume aus, neue Blätter sprießen, Blütenkätzchen öffnen sich, dazu benötigen die Pflanzen einen ordentlichen Wasserstrom, und davon profitiert die Schuppenwurz. Ihre Physiologie ist auf Einlagerung ausgelegt, denn in dem ausgedehnten Wurzelwerk mit den vielen Speicherschuppen werden große Mengen an Stärke aufbewahrt.

Und wie findet ein Samen zu seinem Wirt? Das ist vielleicht der spannendste und auch der schwierigste Moment im Leben einer solchen Schmarotzerpflanze. Die Samen der Schuppenwurz sind klein, werden durch Wind, Wasser und durch Ameisen verbreitet, und sie werden in riesiger Anzahl gebildet. Allein die Fruchtkapsel einer einzigen Blüte enthält etwa hundert Samen. Kleine Samen, aber dafür in rauen Mengen – es ist dasselbe Prinzip wie bei der riesigen Anzahl Eier, die ein Bandwurm freisetzt. Die Wahrscheinlichkeit, dass ein Samen an der Stelle, an der er landet, einen geeigneten Wirt vorfindet, ist einfach zu gering. Das muss durch Vielzahl kompensiert werden.

Ein Samen der Schuppenwurz keimt nur dann aus, wenn er näher als einen Zentimeter an der Wurzel einer geeigneten Wirtspflanze zu liegen kommt. Kann er denn seinen Wirt riechen? Die Wirtsfindung ist in der Tat eine erstaunliche Angelegenheit und kommt einem Geruchssinn ziemlich nahe. Das hat damit zu tun, dass eine Pflanzenwurzel nicht einfach wie ein totes Stück Plastikrohr im Boden liegt, sie lebt und aus ihr entweichen bestimmte chemische Verbindungen. Auch ist die unmittelbare

Umgebung einer Pflanzenwurzel etwas anders als der restliche Boden, denn die Wurzeln tauschen mit dem Boden Stoffe aus, der Säuregrad verändert sich, ebenso die Menge an bodengelösten organischen Verbindungen. Kein Wunder, dass Pflanzenphysiologen von einer Rhizosphäre sprechen, der Eigenwelt des Wurzelraumes. Ein Samen der Schuppenwurz reagiert auf die Anwesenheit bestimmter Stoffe in der Rhizosphäre, etwa einer Wurzel des Haselstrauches, die ihm signalisieren, dass die Gelegenheit günstig ist. Er keimt und es entsteht zunächst eine Hauptwurzel, die bereits Haustorien bildet, welche wiederum an den Wirtswurzeln andocken. Damit ist die Existenz der neuen Schuppenwurz bereits gesichert, sie ist angeschlossen und nun wird zügig das Wurzelwerk ausgebaut, es verzweigt sich und umgibt die Wurzeln der Wirtspflanze mit einem dichten Netz.

Die Schuppenwurz ist nur eine von insgesamt etwa 3000 parasitischen Pflanzenarten. Das sind nicht viele Pflanzenarten im Vergleich zum weltweiten Bestand an Pflanzen, und dennoch sind pflanzliche Parasiten sehr erfolgreich. So erfolgreich, dass einige unter ihnen zu gefürchteten Unkräutern geworden sind, die besonders in warmen Ländern zu hohen Ertragsverlusten führen oder gar zu Totalausfällen der Ernte.

Die Schuppenwurz ist zudem ein Holoparasit oder Vollschmarotzer. Gibt es denn auch Halbschmarotzer oder Dreiviertelschmarotzer? Letzteres nicht, aber Hemiparasiten oder Halbschmarotzer existieren bei den Pflanzen tatsächlich. Mit halben Sachen hat das aber nichts zu tun und man würde sie besser Teilschmarotzer nennen, denn diese Pflanzen können andere Pflanzen anzapfen, bilden aber dennoch beblätterte Stängel und Blattgrün aus. Sie verfügen über beide Ernährungsweisen, die parasitische und die Photosynthese. Solche Arten machen etwa ein Drittel aller Schmarotzerpflanzen aus und präsentieren sich dem Betrachter als ganz normal aussehende Pflanzen. Man ahnt nicht, dass sie klammheimlich auch auf Kosten anderer leben. In Deutschland gehören etwa Wiesen-Augentrost *(Euphrasia officinalis)*, Wiesen-Wachtelweizen *(Melampyrum pratense)* oder Zottiger Klappertopf *(Rhinanthus alectorolophus)* dazu. Während diese Pflanzen die Wurzeln anderer Arten nutzen, lebt ein anderer Halbparasit, die Mistel *(Viscum album)*, auf Bäumen und fällt in den Wintermonaten, wenn die Bäume kahl sind, durch ihre grünen Kugeln auf. Auch die Mistel besitzt Blätter, dringt aber ebenso in die Leitungsbahnen ihres Baumes ein.

Parasitenpflanzen überraschen mit ihren unerwartet vielfältigen Erscheinungsformen. Die Riesenblüten der Rafflesiengewächse habe ich Ihnen bereits in Kapitel 2 vorgestellt. Andere Arten sind so winzig, dass sie erst durch ihre Beeren auffallen, wie die Zwergmispel *(Viscum minimum)*, die in Südafrika zuhause ist.

Sogar Bäume haben sich zu Halbparasiten entwickelt, so wie der Flammenbaum *(Nuytsia floribunda)* aus Australien. Er blüht im Dezember, weshalb ihn die Australier «Christmas Tree» nennen, und blühende Flammenbäume bieten einen wahrhaft spektakulären Anblick. Ein Beobachter sieht schon aus der Ferne die dichten Büschel gelboranger Blüten an den Enden der Zweige. Wie Federbüsche setzen sie Farbtupfer in die trockene Landschaft. Der Baum nutzt mit seinen länglichen Blättern Sonnenlicht, um Zucker zu bilden, Wasser und Nährsalze bezieht er jedoch von den Graswurzeln, die in seiner Umgebung reichlich vorhanden sind. Nun gibt ein Grasbüschel nicht gerade viel her, um einen Baum zu versorgen, aber die Vielzahl macht es aus. Die Haustorien des Flammenbaums können noch in 150 Meter Entfernung im Boden angetroffen werden, auf diese Weise nutzt ein einzelner Flammenbaum eine große Fläche.

Den Vollschmarotzern hingegen sieht man an, dass sie keine normalen Pflanzen sind. Die vielen verschiedenen Arten an Sommerwurz (*Orobanche* spec.) haben wie die Schuppenwurz nichts Grünes an sich und zeigen sich als bräunliche, manchmal violett überzogene Stängel. Andere haben nicht nur Blattgrün und Blätter, sondern auch Wurzeln verloren und leben nur noch auf anderen Pflanzen. Die Nessel-Seide oder Teufelszwirn *(Cus-*

cuta europaea) etwa. Die einjährige Schlingpflanze besteht nur aus langen, dünnen Stängeln, aus denen lediglich Haustorien und Blütenbüschel hervortreten. Er sticht die Stängel seiner Wirtspflanze an und kann auf ihm ein so dichtes Geflecht an dünnen Stängeln formen, dass die Wirtspflanze darunter gar nicht mehr erkennbar ist und zugrunde gehen kann. Der Name kommt nicht von ungefähr, denn die Pflanze zählt zu den bedeutendsten Unkräutern.

Bisher war von Pflanzen die Rede, die sich teilweise oder gänzlich von anderen Pflanzen ernähren. Nun gibt es aber auch Pflanzen wie die weiß-bräunliche Vogel-Nestwurz *(Neottia nidus-avis)*, eine Orchidee unserer Laubwälder, oder den Fichtenspargel *(Monotropa hypopitys)*, eine bleiche Erscheinung, die in Nadelwäldern angetroffen werden kann. Beide sind Vollschmarotzer, aber ihre Wirte sind nicht Pflanzen, sondern Pilze, die im Boden leben. Das Pilzgeflecht wird von den Wurzeln angezapft. Manchmal sind diese Sonderfälle pflanzlicher Parasiten aber sehr auffällig. So tauchen in den Nadelwäldern Kaliforniens im zeitigen Frühjahr rote Blütenstängel aus dem Boden auf, sie gehören zur «Snow plant» *(Sarcodes sanguinea)*. Die ganze Pflanze ist blutrot und kontrastiert mit den braunen Nadeln und den Tannenzapfen ihres Lebensraums. Aber auch die Dingelorchis *(Limodorum abortivum)*, die bei uns in lichten Kiefernwälder wächst, fällt mit ihrer violetten Färbung auf und ernährt sich parasitisch von Pilzen.

NATURSCHUTZ

20.
Musiker retten ihren Baum

Der Baum, von dem hier die Rede ist, hat mit der Geschichte Brasiliens ebenso zu tun wie mit dem perfekten Klang einer Geige. Der prächtige Laubbaum mit dem wissenschaftlichen Namen *Caesalpinia echinata* fällt durch seine großen gelben und süß duftenden Blüten auf, bei denen das obere Kronblatt rot gefärbt ist. Die breiten und flachen Hülsenfrüchte sind mit spitzen Zacken bewehrt. Die Farbe des Holzes aber ist das Auffälligste, denn sie reicht von Orangerot bis zu einem tiefen Weinrot. Die Heimat des Brasilholz-Baumes oder Pernambuk-Baumes ist die Mata Atlântica, der überaus artenreiche Tiefland-Regenwald, der sich an der brasilianischen Atlantikküste entwickelt hat.

Einst war der Baum weit verbreitet, gesellte sich zu der enormen Artenfülle des küstennahen Regenwaldes, der sich von der Mündung des Amazonas bis nach Argentinien erstreckte. Doch heute ist der Baum beinahe ausgerottet. Seine heutigen Vorkommen beschränken sich auf ein paar wenige, stark geschrumpfte Bestände. Ausgerechnet Musiker und Bogenbauer kümmern sich um den Erhalt dieses Baums. Was sind denn die Gründe dafür?

Das ist eine lange Geschichte. Sie beginnt mit dem 22. April des Jahres 1500, als der portugiesische Seefahrer Pedro Álvares Cabral an der brasilianischen Küste anlegte. Rein zufällig, denn er befand sich auf der langen Fahrt um Afrika herum nach Indien und trieb im Atlantik zu weit nach Westen ab. Ziemlich zu weit sogar, denn der Atlantik zwischen Brasilien und Afrika ist 5000 Kilometer breit. Cabral wähnte sich nach dem Landgang dementsprechend auf einer Insel, die er Insel des Wahren Kreuzes nannte (Ilha da Vera Cruz). Wegen der strategischen Bedeutung des Landflecks nahm er sie umgehend für Portugal in Besitz. Die Besiedlung und Errichtung einer portugiesischen Kolonie erfolgte kurze Zeit später. Bei der Erforschung ihrer neuen Gegend stießen die Portugiesen bald auf den Baum mit dem auffallend roten Holz. Sie nannten ihn Pau Brasil, was wörtlich übersetzt «Rotglut-Holz» bedeutet. Der Baum lieferte denn auch einen brauchbaren roten Farbstoff für die Textilindustrie, in erster Linie für die edlen Kleider der betuchten Oberschicht. Das Holz und der Farbstoff wurden alsbald zu einem wichtigen Exportgut der portugiesischen Niederlassung und in großem Stil nach Europa verschifft. Daher nannten die Portugiesen ihre Kolonie «Terra do Brasil», Land des Brasilholzes, heute Brasilien. Das fünftgrößte Land der Erde, eines der artenreichsten Länder und eines der Länder mit der höchsten Abholzungsrate tropischer Regenwälder, ist also nach einem Baum benannt.

Doch der Einzug synthetischer Farbstoffe, der Anilin-Farben, verdrängte im 19. Jahrhundert den Naturfarbstoff. Das Holz war jedoch noch immer begehrt, denn inzwischen hatte man seine andere Qualität entdeckt. Das harte Tropenholz eignet sich hervorragend für Drechslerarbeiten und zur Herstellung hochwertiger Bogen für Streichinstrumente.

Dass Brasilholz auch zu einem Musikbaum wurde, ist einem französischen Handwerker zu verdanken, der in Paris lebte. François Tourte (1748–1835) war gelernter Uhrmacher, wechselte aber dann den Beruf und arbeitete als Bogenmacher. Vielleicht wurde die Konkurrenz zu stark? Wie auch immer, für die Musikwelt war das ein Glücksfall. Da Tourte Erfahrungen in Feinmechanik hatte, wusste er sowohl mit Metall als auch mit Holz umzugehen, und er revolutionierte den Bogenbau. Während also die Französische Revolution in vollem Gange war und die Guillotine ihr blutiges Geschäft tätigte, baute Tourte Bogen, die zu den besten der Welt gehörten. Tourte verfeinerte die Technik und verfolgte neue Wege in der Herstellung. Er sägte zunächst einmal gerade Holzstangen, denen er über einer Flamme ihre Biegung gab, statt bereits gebogene Bogen auszusägen. Dadurch erhielt er einen durchgängigen Verlauf der Holzfasern, was zur Steifigkeit seiner Stangen beitrug und deren Bruchfestigkeit erhöhte. Außerdem befestigte er Metallteile an das hintere Ende des Bogens, was den Schwerpunkt und die Lage des Bogens in der Hand des Musikers optimierte. Er verbesserte auch den Bezug, brachte eine Vorrichtung an, den Froschring, der die Haare des Bogens zu einem flachen Band spannt.

Tourte war oft auf der Seine unterwegs und er liebte es, in Hafenvierteln nach brauchbarem Holz zu stöbern. Ihn interessierten die Hölzer, die aus der Neuen Welt stammten. Holz, das es in Europa nicht gab, Holz mit anderen Maserungen und anderen Eigenschaften. Er sammelte möglichst viele verschiedene Materialien, um sie eingehend zu untersuchen. Auf einem dieser Streifzüge muss ihm wohl Brasilholz in die Hände gefallen sein. Zurück in der Werkstatt erkannte er bald den Wert des Holzes. Es war leicht, hart, ließ sich gut verarbeiten und durch Hitze biegen, die gebogene Form schien es dauerhaft zu halten: ein Wunderholz für den Bogenbau. Dieses Material war im Verhältnis von Steifigkeit zu Gewicht den bisher verwendeten Holzarten weitaus überlegen, und Tourte konnte damit lange, stabile und doch leichte Bogen herstellen. Seine Bogen aus diesem Holz waren von solch hoher Qualität, dass sie die «Stradivari des Bogens» genannt wurden. Ja, bei Streichinstrumenten entsteht der Ton aus dem Zusammenwirken von Instrument und Bogen – wenn der Bogen schlecht ist, nützt das beste Instrument nicht viel.

Berufsmusiker schwören noch heute auf Bogen aus Brasilholz. Andere Holzsorten und moderne Materialien wie Kohlenfaser können nicht mithalten. «Brasilholz zeichnet sich durch eine hohe Scherfestigkeit aus; es hat von allen Hölzern die geringste Dämpfung. Das ist für die optimale Übertragung des Klanges wichtig», meint Richard Grünke, Bogenbauer in Deutschland.

Für manchen Streicher ist der Bogen fast wichtiger als das Instrument selbst. Wenn also an einem Abend ein berühmtes Orchester Beethovens Neunte Symphonie aufführt und die Streicher im Gleichtakt ihre Bogen auf und nieder bewegen und danach stürmischer Applaus einsetzt, dann steht dies unmittelbar mit dem einzigartigen Baum am Rande des Amazonas in Verbindung.

Aber der Musikbaum ist vom Aussterben bedroht. Er ist so selten geworden, dass er als gefährdet gilt und auf der Roten Liste der weltweit bedrohten Arten steht. Es ist nicht nur das rücksichtslose Fällen der vergangenen paar Jahrhunderte, das dem Baum zugesetzt hat, auch die Zerstörung seines Lebensraumes – durch Waldrodungen und Umwandlung in Agrarland – haben die Vorkommen dieser Art auf ein paar wenige und voneinander isolierte Bestände schrumpfen lassen. Sie machen nur noch etwa fünf Prozent der einstigen Bestände aus.

Der Musikbaum liefert ein hochwertiges Holz für den Bau von Violinbogen. Seine Heimat ist der Regenwald in Brasilien.

Als Konsequenz dieser alarmierenden Lage gab es Bestrebungen, Brasilholz in Anhang I des Washingtoner Artenschutzübereinkommens aufzunehmen. Dieses Übereinkommen ist das wichtigste internationale Instrument des Artenschutzes und wurde 1973 in Washington ins Leben gerufen. Im Anhang I sind alle Arten aufgeführt, die nicht gehandelt werden dürfen, auch Teile davon nicht, weil sie akut vom Aussterben bedroht sind. Elefanten und Wale sind prominente Vertreter dieser Liste, auch viele Orchideen aus den Tropen sind darunter.

Brasilholz ist bisher in Anhang II, das ist die Liste der Arten, die unter Einschränkungen gehandelt werden dürfen, aufgeführt. Stünde Brasilholz im Anhang I von CITES, wie das Artenschutzübereinkommen auch genannt wird (Convention on International Trade of Endangered Species of Wild Fauna and Flora; Übereinkommen über den internationalen Handel mit gefährdeten Arten der frei lebenden Tier- und Pflanzenwelt), dann wäre das ein herber Schlag für Bogenmacher und Musiker, denn dann dürfte kein Brasilholz mehr verkauft werden, den Bogenmachern würde ihr bester Werkstoff ausgehen.

Angesichts dieser dramatischen Lage traf sich im Mai 2000 in Paris eine kleine Gruppe von Musikern und Bogenmachern. Sie übten sich in Naturschutz und überlegten, wie denn dem Brasilholz zu helfen sei. Auch Richard Grünke befand sich unter den Anwesenden. Gemeinsam riefen sie die Internationale Initiative zur Erhaltung des Pernambukbaumes oder kurz IPCI (Inter-

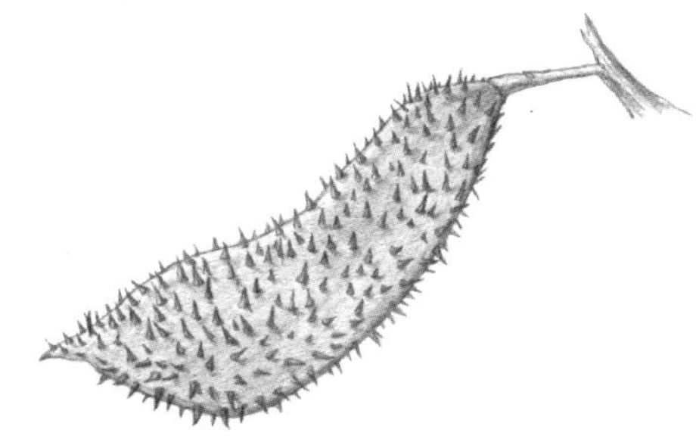

national Pernambuco Conservation Initiative) ins Leben, eine Nichtregierungsorganisation, die das Ziel hat, die Bestände des Musikbaumes zu erhalten.

Seit der Gründung der Organisation ist viel geschehen, und an den vielfältigen Aktivitäten beteiligen sich brasilianische Bogenbauer, Kakaofarmer und Lehrer. In großen Baumschulen wird der Baum vermehrt und Setzlinge werden in der Natur wieder angesiedelt. Ziel ist es, eine halbe Million neuer Musikbäume auszupflanzen, bis heute wurden etwa 200 000 Setzlinge gepflanzt. Die Organisation verfolgt aber noch weitere Ziele. Sie möchte die Bestände des Baumes langfristig sichern. «Der Baum braucht etwa 30 Jahre, bis er genutzt werden kann», erklärt Grünke, «daher konzentrieren wir uns auf die Mitarbeit der Kakao-Farmer.» Für den Anbau von Kakao wird der Wald nicht mehr vollständig gerodet – ansatzweise eine nachhaltige Anbaumethode –, sondern lediglich aufgelichtet. So entsteht eine Art Mischwald mit Kakaobäumen. Die Idee ist, dass die Farmer auch Brasilholz pflanzen, um sich zusätzliche Einnahmen zu sichern.

Der Baum wird nicht nur vermehrt, sondern auch erforscht. Man weiß noch so wenig über die Biologie des Musikbaumes, etwa wie der Baum bestäubt wird, was die genetische Vielfalt ist, welche Schädlinge den Baum befallen und wie groß der natürliche Bestand überhaupt noch ist. Hier arbeitet das IPCI mit Universitäten Brasiliens und mit dem Botanischen Garten New York zusammen. Vor Ort werden natürlich vorkommende Bäume gezählt, ihr Stammumfang notiert und ihr Zustand beschrieben, sodass sich ein genaues Bild der Musikbäume Brasiliens zeichnen lässt. Ein Inventar ist das Ziel, eine genaue Bestandsaufnahme. Bodenproben werden gesammelt und analysiert, um die Ansprüche und Wachstumsbedingungen des Musikbaumes besser zu verstehen.

Aber auch Aufklärung tut not. Zahlreiche Freiwillige erklären der einheimischen Bevölkerung und den Kakao-Farmern die Bedeutung des Brasilholz-Baumes für die lokale Bevölkerung. Die Organisation unterstützt ein brasilianisches Jugendorchester, die «Ibirapitanga-Gruppe», und setzt sich für den Erhalt dieses einmaligen Baumes ein. Brasilholz oder Pernambuk ist vom Aussterben bedroht. Doch die Bestrebungen der engagierten Musiker, Handwerker und zahlreicher Freiwilliger lassen hoffen.

21. Die leuchtende Venusfliegenfalle

Die Venusfliegenfalle *(Dionaea muscipula)* gehört mit ihren beweglichen Klappfallen an den Enden ihrer Blätter sicher zu den spektakulärsten aller tierfangenden Pflanzenarten. Im Gegensatz zum Sonnentau, an dem Beutetiere einfach kleben bleiben, oder den Kannenpflanzen, die Fallgruben aufstellen, schlägt die Venusfliegenfalle aktiv zu. Sobald ein Insekt die Fühlborsten auf der Innenseite der Fallen mehrmals berührt, löst dies einen Reiz aus und die Falle schnappt zu – ein Bewegungsvorgang, der im Pflanzenreich einen Geschwindigkeitsrekord darstellt. In nur einer Zehntelsekunde schließt sich die Falle, und kein Insekt kann entkommen, denn die steifen Borsten am Rande der Klappen halten die Beute wie in einem Käfig fest. Danach drücken sich die Fallen langsam, aber stetig zusammen, sodass die Beute fest umschlossen wird, Verdauungssekrete werden abgesondert und die Mahlzeit beginnt.

Erstaunlich ist die Vorsicht, die die Pflanze walten lässt. Auf beiden Innenseiten der Klappenhälften gibt es drei Fühlborsten: Wird nur eine der insgesamt sechs Haare berührt, passiert nichts. Erst wenn innerhalb der nächsten 40 Sekunden ein zweites Haar gereizt wird, schnappt die Falle zu. So kann die Venusfliegenfalle sicher sein, dass wirklich ein Insekt die vermeintliche Blüte aufgesucht hat und nicht einfach ein Regentropfen in die Falle geraten ist. Wie die Verzögerung der Reaktion zustande kommt, wissen Biologen bis heute nicht. Der Bewegungsmechanismus selbst ist hydraulischer Natur wie bei den Spaltöffnungen, die ich Ihnen in Kapitel 7 erklärt habe. Am Scharnier des Fangapparates befinden sich besondere Zellen, die unter Druck stehen und die Klappenhälften in weit gespreizter Stellung halten. Beim Schließen verlieren die inneren Zellen blitzschnell Flüssigkeit und erschlaffen; gleichzeitig nehmen die Zellen auf der Außenseite Wasser auf und quellen. In der Folge bewegt sich die Klappe nach innen.

Die Venusfliegenfalle gehört ebenfalls zu den Pflanzenarten, die akut vom Aussterben bedroht sind. Auf die Gründe und die Gegenmaßnahmen werde ich gleich eingehen, doch zunächst möchte ich Ihnen den Lebensraum und die Lebensweise der seltenen Pflanze ein bisschen näher vorstellen. Abgesehen von den Klappfallen ist die Pflanze eher unscheinbar; die Blattrosetten erreichen etwa 20 Zentimeter Durchmesser und die wenigen weißen Blüten stehen am Ende eines 30 Zentimeter langen Stängels. Die Länge jedoch fällt auf. Damit wird ein Sicherheitsabstand zwischen Blüten und Blättern eingehalten. Es wäre ja auch zu dumm, wenn ein Insekt, das gerade von einer anderen Venusfliegenfalle kommt und frischen Blütenstaub am Kopf trägt, statt der Blüten eine der Fallen aufsucht. Das wäre nicht im Sinne der Venusfliegenfalle – Beutetiere ja, aber Bestäuber verdauen, das ist nicht statthaft.

Das Verbreitungsgebiet der Pflanze ist winzig und liegt im Südosten der USA. Ihre Vorkommen beschränken sich auf die küstennahen Niederungen in den beiden Bundesstaaten North Carolina und South Carolina. Wenn Sie auf einer Karte einen Halbkreis mit einem Radius von etwa 160 Kilometer um die kleine Stadt Wilmington nahe der Küste einzeichnen, haben Sie das Gebiet umgrenzt, in welchem Venusfliegenfallen wild wachsend auftreten. Eine kleine Fläche im Vergleich zu ganz Nordamerika. Die Venusfliegenfalle ist somit eine endemische Art, sie wächst sonst nirgendwo. Die Gegend ist flach und erinnert

Mit den Klappfallen am Ende ihrer Blätter fängt die Venusfiegenfalle kleine Insekten und verdaut sie. Die Pflanze wächst in den Sümpfen im Südosten der USA.

an Florida: Ausgedehnte und lichte Wälder aus Sumpf-Kiefern *(Pinus palustris)* wechseln sich mit Gebüsch auf trockenen, sandigen Stellen ab. Die Venusfliegenfalle wächst aber nicht überall in dieser Gegend, denn sie ist heikel und stellt an ihren Wuchsort ganz besondere Ansprüche. Sie fühlt sich an moorigen Stellen am wohlsten, wo sie in den Polstern aus Torfmoos steckt, meist zusammen mit anderen tierfangenden Pflanzen wie Sonnentau und Schlauchpflanzen. Der Boden ist fast das ganze Jahr über nass, sauer und er wird nicht beschattet. Schatten verträgt die Pflanze nämlich gar nicht. Genau aus diesem Grund ist sie auf Feuer angewiesen. Sumpfpflanzen und züngelnde Flammen, nasse Moore und Feuer? Das passt doch nicht zusammen!

Der Zusammenhang wird jedem klar, der in dieser Gegend unterwegs ist und die Lebensräume der Venusfliegenfalle eingehender betrachtet. Die Landschaft im Südosten der USA ist ein Mosaik unterschiedlicher Pflanzengemeinschaften, da wechseln sich kleine Senken, in denen sich Wasser ansammelt und moorig sind, mit Flächen ab, die ein klein wenig höher gelegen sind – nur ein paar Meter –, aber einen sandigen Boden besitzen, der sehr rasch austrocknet. Das ist vergleichbar mit den Sandböden im Großraum Berlin. Im Sommer staubtrocken, doch nur einige Meter tiefer befindet sich der Grundwasserspiegel. Entsprechend wechseln sich feuchte Auenwälder mit trockenen Magerrasen ab. Genauso ist es in den südöstlichen USA, nur herrschen hier ganz andere Pflanzenarten vor. Und trotz des subtropischen und im Sommer unangenehm feuchten Klimas kommen hier ganz natürlich Wildfeuer vor. Vor allem die Gräser und Sträucher der savannenartigen Wälder auf den Sandböden werden trocken genug, um Nahrung für Feuer zu bieten. Ein Blitzschlag genügt, um ein Feuer zu entfachen. Der ganze Südosten Nordamerikas zeichnet sich durch einen Aufruhr der Elemente aus: Wirbelstürme und heftige Gewitter, begleitet von Blitz und Donner sowie Starkregen. Nirgendwo sonst in Nordamerika blitzt es so häufig wie hier in den Küstenstaaten des Atlantiks. Daher treten hier Waldbrände und Buschfeuer im Durchschnitt alle ein bis zwei Jahre auf.

Das Feuer aber befreit die unmittelbare Umgebung der Wuchsorte der Venusfliegenfalle von Sträuchern und Jungbäumen, die sonst überhandnehmen und mit der Zeit alles überwuchern würden. Dank der Flammen bleibt die Vegetation offen und damit lichtreich. Deshalb ist die Venusfliegenfalle auf Feuer angewiesen. Den Pflanzen macht das Feuer nichts aus, denn die unterirdischen Wurzelknollen sind dick und im Boden nehmen sie keinen Schaden.

Heutzutage sind die Bestände der Venusfliegenfalle stark bedroht, und dies gleich aus mehreren Gründen. Einmal wird ihr Lebensraum zunehmend zerstört, Wälder werden gerodet, Sümpfe entwässert, Straßen und Häuser gebaut, Golfplätze errichtet. Auch die gängige Praxis der Feuerunterdrückung schadet den Pflanzen. Werden die Feuer gelöscht, verändern sich die Bedingungen zuungunsten der Venusfliegenfalle und anderer Pflanzenarten, denn die Vegetation wird dichter und schattiger.

Die Bestände schrumpfen aber auch aus einem ganz anderen Grund. Eine Zeitungsmeldung macht klar, worum es geht. So berichtete die *Washington Post* 1997, dass einem Bürger aus Dänemark eine Buße von 2000 Dollar auferlegt wurde und er zudem 18 Monate auf Bewährung bekam, weil er 8000 Venusfliegenfallen sammelte und aus dem Land schmuggeln wollte. Die Wilderei stellt ein echtes Problem dar. Die Pflanzen sind als Kuriosität gefragt, das Geschäft ist lukrativ, und jedes Jahr werden Tausende dieser Pflanzen illegal gesammelt, in Gärtnereien verkauft oder ins Ausland gebracht. In den 1980er Jahren war es besonders schlimm, da wurden schätzungsweise zwischen einer und vier Millionen Pflanzen verkauft, die meisten von ihnen stammten wohl von Wildstandorten. Die Pflanzen werden indes immer noch gesammelt. Im Juni 2005 hatten Wilderer allein im Naturschutzgebiet «Green Swamp» Tausende von Venusfliegenfallen ausgegraben. Die Spuren zeigen sich in den zahlreichen kleinen Löchern, die das Moor übersäen.

So ist es kein Wunder, dass die Bestände drastisch zurückgegangen sind. Im Staat North Carolina verschwand die Pflanze an 31 Standorten, in South Carolina an 26. Diese Standorte sind immer noch vorhanden und könnten also ohne weiteres Venusfliegenfallen beherbergen.

Was soll getan werden? Dass dem ruchlosen Treiben der Wilderer Einhalt geboten werden muss, liegt auf der Hand. Aber es ist fast unmöglich, den Dieben das Handwerk zu legen und sie auf frischer Tat zu ertappen, man kann ja nicht Hunderte von Wildhütern in den Sümpfen stationieren. Genau aus diesen

Gründen ließen sich Biologen des North-Carolina-Artenschutzprogrammes etwas Besonderes einfallen. Eigentlich bräuchte es eine Methode, um die Pflanzen an ihrem natürlichen Wuchsort zu markieren, dann könnte man in den Blumengeschäften die dort verkauften Pflanzen prüfen. Wenn sie die Markierung tragen, stammen sie eindeutig von Wildstandorten und die Verkäufer können zur Rechenschaft gezogen werden.

Darum malen die Biologen die Venusfliegenfallen an. Nun ist es aber nicht so, dass Ranger mit Farbeimer und Pinsel im Moor herumstapfen und jeder Venusfliegenfalle einen Farbklecks verpassen. Nein, die Methode ist viel subtiler, raffiniert und erfolgversprechend. Ein wasserlöslicher Farbstoff wird verteilt, der von den Pflanzen aufgenommen wird und ihnen in keiner Weise schadet. Die Konzentration ist so gering, dass äußerlich nichts zu sehen ist. Der Farbstoff aber verleiht den Pflanzen eine wunderliche Eigenschaft: Sie leuchten in UV-Licht auf. Jetzt können Beamte die Herkunft jeder Pflanze überprüfen, indem sie mit einem besonderen Gerät testen, ob sie den Fluoreszenzfarbstoff enthält.

Das Programm läuft erst seit einigen Jahren, doch es zeigt Wirkung. «Das Programm ist erfolgreich, weil es das Bewusstsein über das Problem fördert. Zudem sendet es den Wilderern ein klares Signal, dass wir es mit dem Artenschutz ernst meinen», sagte Laura Gadd vom North-Carolina-Artenschutzprogramm. Ja, die Beamten hätten vor, die Technik zu verfeinern und das illegale Sammeln möglichst zu unterbinden. Gleichzeitig wird versucht, Gärtnereien von der Sinnlosigkeit zu überzeugen, gewilderte Venusfliegenfallen zu verkaufen. Eigentlich lässt sich die Pflanze gut in Gewächshäusern vermehren, doch viele Betriebe scheuen offensichtlich den Aufwand. Und auch die breite Öffentlichkeit könne mehr tun, meinte Rob Evans, ein anderer Biologe des North-Carolina-Artenschutzprogrammes: «Nur weil das eine so besondere Pflanze ist, heißt es noch lange nicht, dass jeder eine besitzen muss. Viel besser ist es, die Pflanze an ihrem natürlichen Wuchsort zu bewundern.»

Aber auch der Erhalt der Lebensräume ist dringend notwendig, und damit auch die Aufrechterhaltung natürlicher Feuerzyklen. Das erfordert mitunter schweres Gerät und es sieht auf den ersten Blick nicht nach Naturschutz aus, wenn Traktoren mit großen Mähern einen potentiellen Lebensraum für die Venusfliegenfalle von Gebüsch befreien. Doch die lange Zeit der Feuerunterdrückung hat eben viele Gebiete verbuschen lassen, und das Mähen macht nichts anderes als die Flammen, die die Sträucher zurückdämmen. Solche Maßnahmen werden in einem Gebiet im Süden von South Carolina durchgeführt; mehr noch, neue Venusfliegenfallen werden wieder angesiedelt.

Ein großer Aufwand für eine kleine Pflanze, die Charles Darwin als die «wunderbarste Pflanze der Welt» bezeichnete. Die Zukunft wird zeigen, ob sich die Venusfliegenfalle halten kann.

ANHANG

QUELLEN

VORWORT

Gaarder, J. *Sofies Welt*. München: Deutscher Taschenbuch Verlag, 1998.

EINLEITUNG

Meyerowitz, E. M. «Plants compared to animals: the broadest comparative study of development», *Science* 295 (2002): 1482–1485.

Mojzsis, S. J. et al. «Evidence for life on Earth before 3,800 million years ago», *Nature* 384 (1996): 55–59.

Niklas, K. *The Evolutionary Biology of Plants*. Chicago: University of Chicago Press, 1997.

Schrödinger, E. *Was ist Leben?* München: Piper, 1989.

Stöcklin, J. *Die Pflanze. Moderne Konzepte der Biologie*. Bern: Bundesamt für Bauten und Logistik, 2007.

KAPITEL 1

Barthlott, W. Interview vom 22. Juli 2011.

Danet, F. «*Rhododendron heterolepis* (Ericaceae), une espèce nouvelle de Papouasie», *Adansonia* 32 (2010): 135–139.

Lindemann-Matthies, P. et al. «How many species are there? Public understanding and awareness of biodiversity in Switzerland», *Human Ecology* 36 (2008): 731–742.

May, R. «How many species are there on Earth?», *Science* 241 (1988): 1441–1449.

Mora, C. et al. «How many species are there on Earth and in the ocean?», *PLoS Biology* 9 (2011): 1–8.

Reichholf, J. H. *Der tropische Regenwald*. Frankfurt a. M.: Fischer Verlag, 2010.

Wilson, E. O. *Biodiversity*. Washington D. C.: National Academy Press, 1988.

Woodford, J. *The Wollemi Pine*. Melbourne: The Text Publishing Company, 2005.

KAPITEL 2

Carder, A. *Forest Giants of the World. Past and Present.* Marham: Fitzhenry & Whiteside, 1995.
Earle, C. J. The Gymnosperm Database. URL: http://www.conifers.org
Geesing, D. The *Prosopis* Website. URL: http://www.prosopis.net
Guiness World Records. URL: http://www.guinessworldrecords.de
Jones, D. *Palmen.* Könemann Verlagsgesellschaft, 2000.
Maheshwari, S. C. et al. «In vitro control of flowering in *Wolffia microscopica*», *Nature* 198 (1963): 99–100.
Sierra Madre News Net. Sierra Madre Wisteria Festival. URL: http://www.sierramadrenews.net

KAPITEL 3

Pott, R. et al. *Die Kanarischen Inseln.* Stuttgart: Ulmer, 2003.
Rabinowitz, D. «Seven forms of rarity», in: Synge, H. (Hrsg.) *The biological aspects of rare plants conservation.* New York: Wiley, 1981, S. 205–217.

KAPITEL 4

Aichele, D. & H. W. Schwegler. *Unsere Gräser.* Stuttgart: Franckh'sche Verlagshandlung, 1984.
Beerling, D. *The Emerald Planet. How Plants Changed Earth's History.* Oxford: Oxford University Press, 2007.
Düll, R. & H. Kutzelnigg. *Taschenlexikon der Pflanzen Deutschlands.* Wiebelsheim: Quelle & Meyer, 2005.

KAPITEL 5

Earle, C. J. The Gymnosperm Database. URL: http://www.conifers.org
Koch, G. W. Interview vom 8. September 2011.
Koch, G. W. et al. «The limits to tree height», *Nature* 428 (2004): 851–854.
Koch, G. W. et al. «How water climbs to the top of a 112 meter-tall tree», *Plant Physiology Online.* URL: http://5 e.plantphys.net/article.php?ch=e & id=100
Ryan, M. G. & B. J. Yoder «Hydraulic limits to tree height and tree growth», *BioScience* 47 (1997): 235–242.

KAPITEL 6

Dumais, J. et al. «*Acetabularia*: a unicellular model for understanding subcellular localization and morphogenesis during development», *Journal of Plant Growth Regulation* 19 (2000): 253–264.
Hämmerling, J. «Über formbildende Substanzen bei *Acetabularia mediterranea*, ihre räumliche und zeitliche Verteilung und ihre Herkunft», *Roux' Archiv für Entwicklungsmechanik* 131 (1934): 1–81.
Schopfer, P. & A. Brennicke. *Pflanzenphysiologie*. Heidelberg: Spektrum Akademischer Verlag, 2010.

KAPITEL 7

Düll, R. & H. Kutzelnigg. *Taschenlexikon der Pflanzen Deutschlands*. Wiebelsheim: Quelle & Meyer, 2005.
Schopfer, P. & A. Brennicke. *Pflanzenphysiologie*. Heidelberg: Spektrum Akademischer Verlag, 2010.

KAPITEL 8

George, U. *Regenwald. Vorstoß in das tropische Universum*. Hamburg: GEO, 1985.
Kilgore, A. et al. «Lianas influence fruit and seed use by rodents in a tropical forest», *Tropical Ecology* 51 (2010): 265–271.
Putz, F. E. «How trees avoid and shed lianas», *Biotropica* 16 (1984): 19–23.
Putz, F. E. & H. A. Mooney. *The Biology of Vines*. Cambridge: Cambridge University Press, 1991.
Silvertown, J. *Demons in Eden. The Paradox of Plant Diversity*. Chicago: The University of Chicago Press, 2005.
Wrangham, R. Interview vom 23. Juni 2011.

KAPITEL 9

Austin, D. Interview vom 23. Juni 2011.
Barbour, M. et al. *California's Changing Landscapes*. Sacramento: California Native Plant Society, 1993.
Venable, D. L. & C. E. Pake. «Population ecology of Sonoran desert annual plants», in: Robichaux, R. H. (Hrsg.) *Ecology of Sonoran Desert Plants and Plant Communities*. Arizona: Arizona University Press, 1999, S. 115–142.
Venable, L. D. «Bet hedging in a guild of desert annuals», *Ecology* 88 (2007): 1086–1090.

KAPITEL 10

Carson, R. *The Sea Around Us*. Oxford: Oxford University Press, reprint 2003.

De Witte, L. et al. «AFLP markers reveal high clonal diversity and extreme longevity in four key arctic-alpine species», *Molecular Ecology* 21 (2012): 1081–1097.

Gil, L. et al. «English elm is a 2000-year-old Roman clone», *Nature* 43 (2004): 1053.

Mitton, J. B. & M. C. Grant. «Genetic variation and the natural history of quaking aspen», *BioScience* 46 (1996): 25–31.

Room, P. M. «Falling apart as a lifestyle: the rhizome architecture and population growth of *Salvinia molesta*», *Journal of Ecology* 71 (1983): 349–365.

Steinger, T. et al. «Long-term persistence in a changing climate: DNA analysis suggests very old ages of clones of alpine *Carex curvula*», *Oecologia* 105 (1996): 94–99.

KAPITEL 11

Attenborough, D. *The Private Life of Plants*. Princeton: Princeton University Press, 1995.

Dauer, J. T. et al. «*Conyza canadensis* seed adscent in the lower atmosphere», *Agricultural and Forest Meteorology* 149 (2009): 526–534.

Düll, R. & H. Kutzelnigg. *Taschenlexikon der Pflanzen Deutschlands*. Wiebelsheim: Quelle & Meyer, 2005.

Parsons, R. F. «Presence of seeds in the planetary boundary layer: some earlier records», *Weed Science* 55 (2007): 185.

Shields, E. J. et al. «Horseweed *(Conyza canadensis)* seed collected in the planetary boundary layer. *Weed Science* 54 (2006): 1063–1067.

KAPITEL 12

Edwards, P. J. et al. «Life history evolution of *Lodoicea maldivica* (Arecaceae)», *Nordic Journal of Botany* 22 (2002): 227–236.

Fleischer-Dogley, F. et al. «Morphological and genetic differentiation in populations of the dispersal-limited coco de mer *(Lodoicea maldivica):* implications for management and conservation», *Diversity and Distributions* 17 (2011): 235–243.

Fleischmann, K. et al. «Stand structure, species diversity and regeneration of an endemic palm forest on the Seychelles», *African Journal of Ecology* 43 (2005): 291–301.

Rist, L. et al. «Sustainable harvesting of coco de mer, *Lodoicea maldivica*, in the Vallée de Mai, Seychelles», *Forest Ecology and Management* 260 (2010): 2224–2231.

KAPITEL 13

Düll, R. & H. Kutzelnigg. *Taschenlexikon der Pflanzen Deutschlands.* Wiebelsheim: Quelle & Meyer, 2005.
Kerner von Marilaun, A. *Pflanzenleben. 2. Band. Die Pflanzengestalt und ihre Wandlungen.* Leipzig: Bibliographisches Institut, 1913.
Nakanishi, H. «Splash seed dispersal by raindrops», *Ecological Research* 17 (2002): 663–671.

KAPITEL 14

Aichele, D. & H. W. Schwegler. *Unsere Gräser.* Stuttgart: Franckh'sche Verlagshandlung, 1984.
Das Bambus-Lexikon. URL: http://www.bambus-lexikon.de
Janzen, D. H. «Why bamboos wait so long to flower», *Annual Review of Ecology and Systematics* 7 (1974): 347–391.
Vaupel, F. Interview vom 5. Januar 2012.

KAPITEL 15

Schulze, E. D. et al. *Pflanzenökologie.* Heidelberg: Spektrum Akademischer Verlag, 2002.
Silvertown, J. *Demons in Eden. The Paradox of Plant Diversity.* Chicago: The University of Chicago Press, 2005.

KAPITEL 16

Adlassnig, W. et al. «Traps of carnivorous pitcher plants as a habitat: composition of the fluid, biodiversity and mutualistic activities», *Annals of Botany* 107 (2011): 181–194.
Arzt, V. *Kluge Pflanzen.* München: Bertelsmann, 2009.
Das, I. & A. Haas. «New species of *Microhyla* from Sarawak: Old World's smallest frogs crawl out of miniature pitcher plants on Borneo (Amphibia: Anura: Microhylidae)», *Zootaxa* 2571 (2010): 37–52.
Grafe, U. Interview vom 19. Oktober 2011.
Barthlott, W. et al. *Karnivoren. Biologie und Kultur fleischfressender Pflanzen.* Stuttgart: Ulmer, 2004.
Chin, L. et al. «Trap geometry in three giant montane pitcher plant species from Borneo is a function of tree shrew body size», *New Phytologist* 186 (2010): 461–470.
Clarke, C. M. et al. «Tree shrew lavatories: a novel nitrogen sequestration strategy in a tropical pitcher plant», *Biology Letters* 5 (2009): 632–635.

Merbach, M. A. et al. «Mass march of termites into the deadly trap», *Nature* 415 (2002): 36–37.

KAPITEL 17

Helversen, D. von & O. von Helversen. «Acoustic guide in bat-pollinated flower», *Nature* 398 (1999): 759–760.
Ratzel, F. «Marcgraf, Georg», in: Allgemeine Deutsche Biographie 20 (1884): 295–296. URL: http://wwwdeutsche-biographie.de/pnd118 941 011.html
Simon, R. et al. «Floral acoustics: conspicuous echoes of a dish-shaped leaf attract bat pollinators», *Science* 333 (2011): 631–633.
Tschapka, M. et al. «Bat visits to *Marcgravia pittieri* and notes on the inflorescenc diversity within the genus *Marcgravia* (Marcgraviaceae)», *Flora* 201 (2006): 383–388.

KAPITEL 18

Furstenberg, D. & W. van Hoven. «Condensed tannin as anti-defoliate agent against browsing giraffe *(Giraffa camelopardalis)* in the Kruger National Park», *Comparative Biochemical Physiology* 107A (1994): 425–431.
Hoven, W. van. «Mortalities in kudu *(Tragelaphus strepsiceros)* populations related to chemical defence in trees», *Journal of African Zoology* 105 (1991): 141–145.
Hughes, S. «Antelope activate the acacia's alarm system», *New Scientist* 29 (September 1990): 19.
Lürssen, K. «Das Pflanzenhormon Ethylen», *Chemie in unserer Zeit* 15 (1981): 122–129.
Schopfer, P. & A. Brennicke. *Pflanzenphysiologie*. Heidelberg: Spektrum Akademischer Verlag, 2010.

KAPITEL 19

Arzt, V. *Kluge Pflanzen*. München: Bertelsmann, 2009.
Barthlott, W. et al. *Karnivoren. Biologie und Kultur fleischfressender Pflanzen*. Stuttgart: Ulmer, 2006.
Düll, R. & H. Kutzelnigg. *Taschenlexikon der Pflanzen Deutschlands*. Wiebelsheim: Quelle & Meyer, 2005.
Heide-Jørgensen, H. S. *Parasitic Flowering Plants*. Leiden: Brill NV, 2008.
Ziegler, H. «*Lathraea*, ein Blutungssaftschmarotzer», *Berichte der Deutschen Botanischen Gesellschaft* 68 (1955): 311–318.

KAPITEL 20

Blume, F. & L. Finscher. *Die Musik in Geschichte und Gegenwart: Allgemeine Enzyklopädie der Musik*. Kassel: Bärenreiter, 1994.

Grünke, R. Interview vom 18. Februar 2011.

International Pernambuco Conservation Initiative. URL: http://www.ipci.org

Rymer, R. «Saving the music tree», *Smithsonian* 35 (2004): 1–8.

KAPITEL 21

Barthlott, W. et al. *Karnivoren. Biologie und Kultur fleischfressender Pflanzen.* Stuttgart: Ulmer, 2006.

Brown, K. «Vulnerable Venus Flytraps», *Nature Conservancy Magazine* 56 (2006): 14.

Gadd, L. Interview vom 23. Mai 2011.

Luken, J. O. «Habitats of *Dionaea muscipula* (venus' fly trap), Droseraceae, associated with Carolina Bays», *Southeastern Naturalist* 4 (2005): 573–584.

NatureServe Explorer. *Dionaea muscipula.* URL: http://www.natureserve.org

VERZEICHNIS DER PFLANZENARTEN

AUS DEM VERLAGSPROGRAMM